JN041299

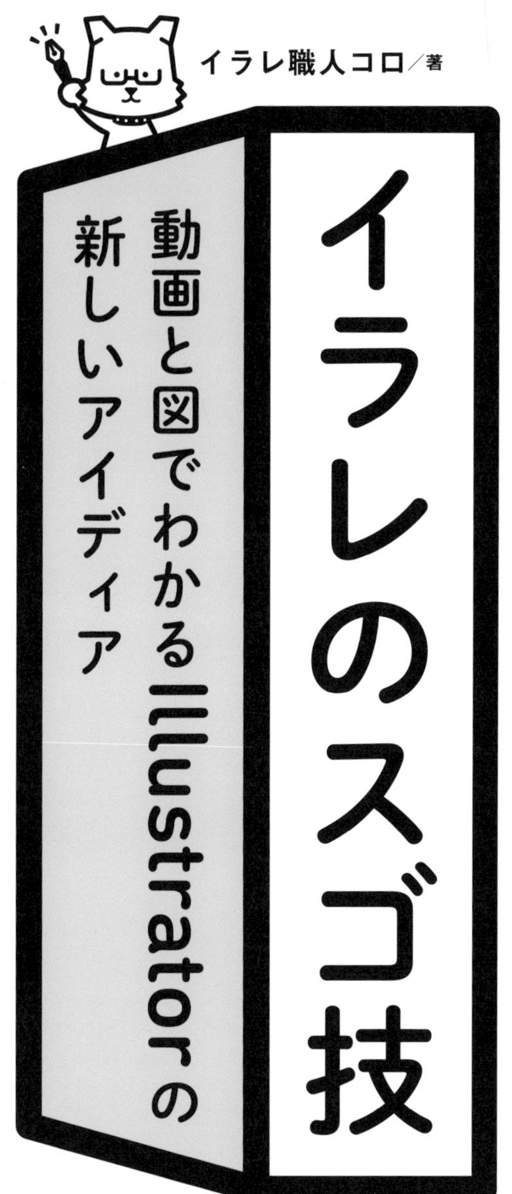
イラレ職人コロ／著
イラレのスゴ技
動画と図でわかるIllustratorの
新しいアイディア

技術評論社

免責

本書掲載の画面などは、Adobe Illustrator CC2020を元としています。Windows版、Mac版でキーなどが異なる場合は、それぞれ記載をしています。

本書は、情報の提供のみを目的としています。したがって、本書を用いた運用は、お客様自身の責任と判断によっておこなってください。これらの情報の運用の結果について、技術評論社および著者はいかなる責任も負いません。

※本書に掲載されている内容は2021年2月現在のものです。以降、技術仕様やバージョンの変更等により、記載されている内容が実際と異なる場合があります。あらかじめご承知おきください。

イラレって
こんなことも
できるのか！

本書はAdobe Illustratorのチュートリアルの中に、
マイナーなツールや新しいテクニックをたっぷり
盛り込んでいます。指示通り作っていくだけで

「えっ、こんなツールがあったのか！」
「こんなやり方があったのか！」

と、たくさんの発見ができるでしょう。イラレなんて3割くらいしか使えない……というあなたも、5割くらいは使えるようになるはずです。

この本の使い方

Chapter 1
イラスト

RECIPE
01

いろんな破り方で量産できる！
マスキングテープ

ここがポイント
•リンクルツールなら、パスをランダムでギザギザに加工できます。

動画でも解説！

010

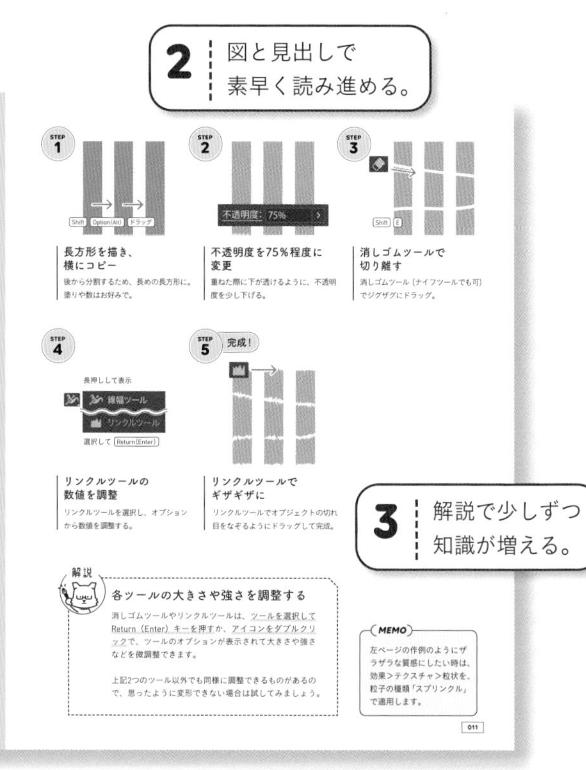
STEP 1
長方形を描き、横にコピー
後から分割するため、長めの長方形に。塗りや数はお好みで。

STEP 2
不透明度を75％程度に変更
重ねた際に下が透けるように、不透明度を少し下げる。

STEP 3
消しゴムツールで切り離す
消しゴムツール（ナイフツールでも可）でジグザグにドラッグ。

STEP 4
リンクルツールの数値を調整
リンクルツールを選択し、オプションから数値を調整する。

STEP 5 完成！
リンクルツールでギザギザに
リンクルツールでオブジェクトの切れ目をなぞるようにドラッグして完成。

解説
各ツールの大きさや強さを調整する
消しゴムツールやリンクルツールは、ツールを選択してReturn（Enter）キーを押すか、アイコンをダブルクリックで、ツールのオプションが表示されて大きさや強さなどを微調整できます。

上記2つのツール以外でも同様に調整できるものがあるので、思ったように変形できない場合は試してみましょう。

MEMO
左ページの作例のようにザラザラな質感にしたい時は、効果＞テクスチャ＞粒状を、粒子の種類「スプリンクル」で適用します。

011

2 図と見出しで素早く読み進める。

3 解説で少しずつ知識が増える。

1 まず動画で全体の流れを把握。

チュートリアル動画 本日のイラレ

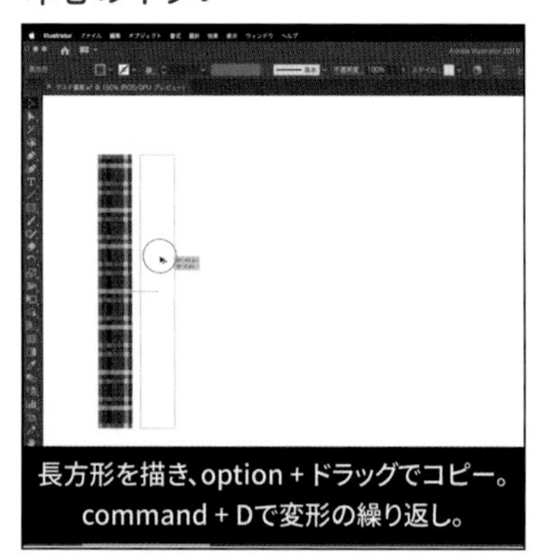

すべて1〜2分の長さなので、サクサク視聴できます。

本書はYouTubeで公開中のチュートリアル動画「本日のイラレ」と連動しています。動画へは各ページのQRコードから飛ぶか、YouTubeにて「イラレ職人」で検索をしてください。

YouTube　イラレ職人コロ　検索

イラレ職人コロとは?

本書の著者。主にTwitterでIllustratorの情報を発信している。Twitter @coro46

Illustratorの設定などについて

ツールバーは「詳細」が前提です。

ツールバー（画面左端の縦長のアイコンがある場所）は、「詳細」が前提です。ツールの位置がおかしいと思った場合は、画面上のメニューから **ウィンドウ>ツールバー>詳細** を選択してください。

スマートガイドはオンにしてください。

本書ではスマートガイドを利用しています。画面上のメニューから **表示>スマートガイド** をチェックしてください。また、その下にある グリッドにスナップ などがチェックされていた場合は、外してください。

フォントはAdobe Fontsを使用しています。

本書の作例で使用しているフォントは、すべてAdobe Fonts（アドビフォンツ）に含まれています。Adobeクリエイティブクラウドのユーザーは追加料金なしで利用できるので、ぜひ活用してください。

本書の利用について

作ったものやサンプルデータは商用利用OKです。

本書を参考に作成したデータはもちろん、配信しているサンプルaiデータは素材として普段のお仕事やSNS等への投稿へご利用いただけます。サンプルaiデータをそのまま不特定多数へ配布、販売は禁止です。

本書はSNSでのシェアOKです。

一部や数ページ程度の写真や、パラパラと数ページを紹介する程度の動画であれば、各種SNSに投稿していただいて構いません。気に入ったページやためになった情報をぜひシェアしてください。

サンプルデータのダウンロードについて

サンプルデータは、以下のURLよりZip形式でダウンロードできます。
https://gihyo.jp/book/2021/978-4-297-11938-6/support
URLを直接入力いただくか、以下の手順で弊社サポートページにアクセスください。

(1) 各種検索サイトから「書籍案内　技術評論社」と検索。
(2) 検索結果から「書籍案内 | 技術評論社」をクリック。
(3) 画面中央左「本を探す」の検索ボックスに「イラレのスゴ技」と入力してReturn（Enter)。
(4) 画面中央タブから「サポートページを探す」をクリック。
(5) 検索結果から「サポートページ：イラレのスゴ技　動画と図でわかる～」をクリック。画面の案内にしたがいダウンロード。

Contents
目次

Contents
目次

Chapter 1

イラスト

たくさん機能があるのは知ってるけど、ついつい使い慣れたツールで時間をかけて処理してしまう。そんなあなたのために、この章ではちょっとしたイラスト制作が時短できる、便利なツールの数々をご紹介します。

RECIPE
01

いろんな破り方で量産できる！

マスキングテープ

ここがポイント

リンクルツールなら、パスをランダムでギザギザに加工できます。

STEP 1

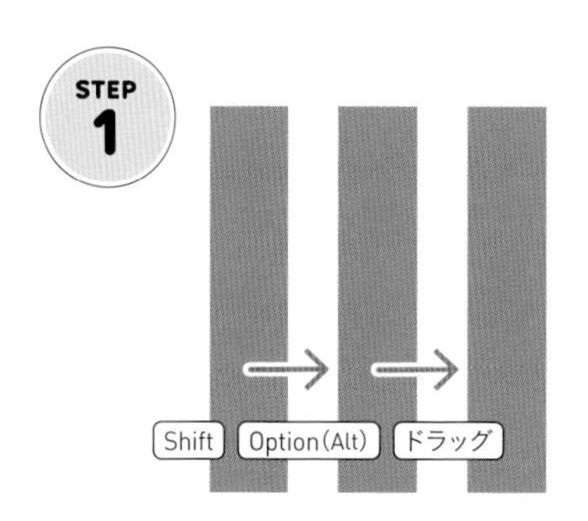

長方形を描き、横にコピー

後から分割するため、長めの長方形に。塗りや数はお好みで。

STEP 2

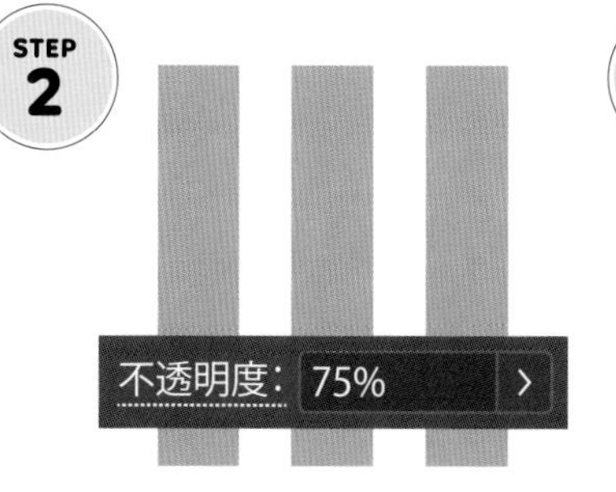

不透明度を75%程度に変更

重ねた際に下が透けるように、不透明度を少し下げる。

STEP 3

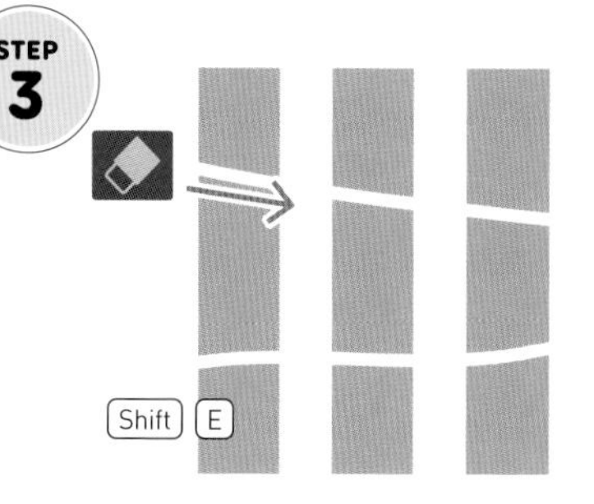

消しゴムツールで切り離す

消しゴムツール（ナイフツールでも可）でジグザグにドラッグ。

STEP 4

リンクルツールの数値を調整

リンクルツールを選択し、オプションから数値を調整する。

STEP 5 完成！

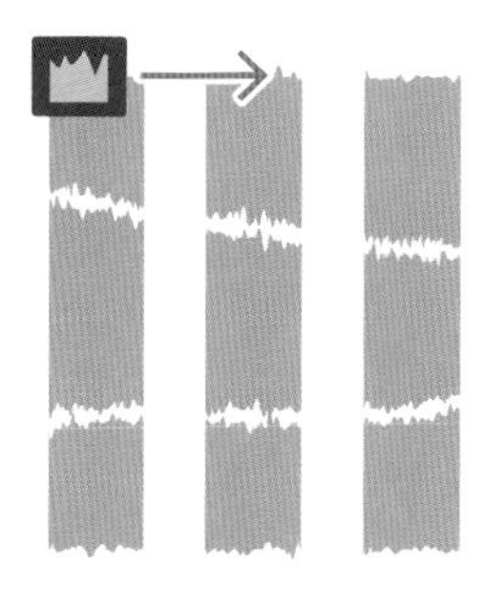

リンクルツールでギザギザに

リンクルツールでオブジェクトの切れ目をなぞるようにドラッグして完成。

各ツールの大きさや強さを調整する

消しゴムツールやリンクルツールは、ツールを選択してReturn（Enter）キーを押すか、アイコンをダブルクリックで、ツールのオプションが表示されて大きさや強さなどを微調整できます。

上記2つのツール以外でも同様に調整できるものがあるので、思ったように変形できない場合は試してみましょう。

MEMO

左ページの作例のようにザラザラな質感にしたい時は、効果>テクスチャ>粒状を、粒子の種類「スプリンクル」で適用します。

RECIPE
02

同心円から
あっという間に作れる！

Wifiマーク

ここがポイント

パスファインダーの分割や合流なら、複雑な
加工を少ない手順で実現できます。

動画でも解説！

STEP 1

直線ツールアイコンを
長押しして表示

STEP 2

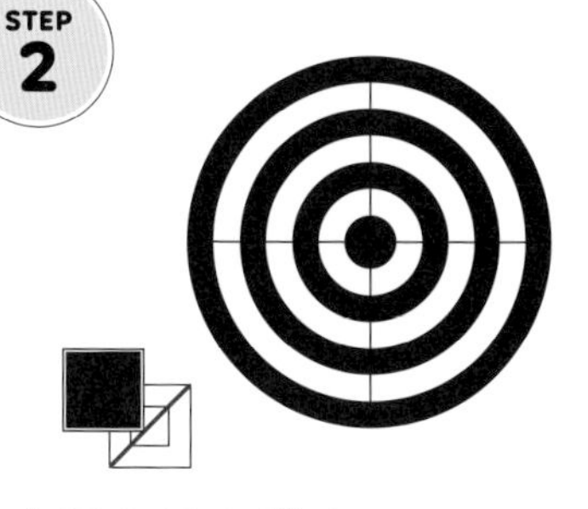

STEP 3

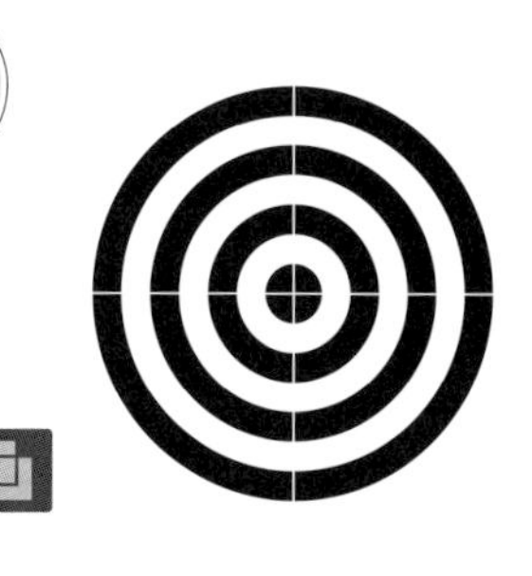

同心円グリッドツールを選択

同心円グリッドツールでアートボードをクリックし、オプションを表示。

同心円を描く

同心円の分割の線数6、円弧の分割の線数4、最後は2つともチェック。

パスファインダー＞分割

パスファインダーパネルから「分割」をクリック。

STEP 4

STEP 5

STEP 6 完成！

隙間の無色パスが消えます。

不要なオブジェクトを削除

選択ツールでダブルクリックし、グループ編集モードにすると楽です。

45度回転

Shiftを押しながらドラッグすると、45度、90度ときれいに回転できます。

パスファインダー＞合流

パスファインダーパネルから「合流」をクリックして完成。

1 2 同心円グリッドツールオプション

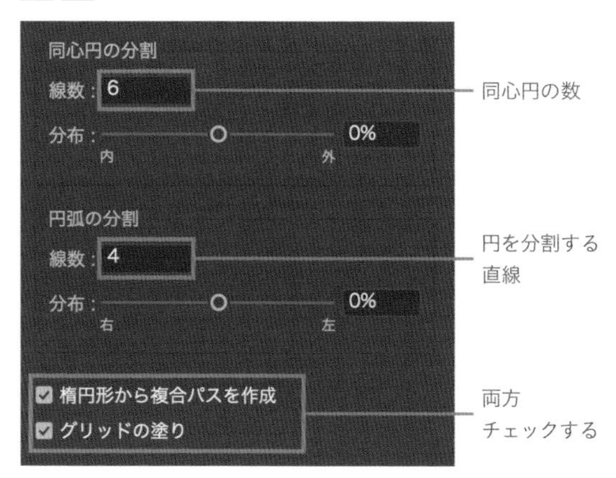

解説

同心円グリッドツールのチェックの意味

同心円グリッドツールオプション下部のチェックボックスのオンオフで、パスの形状が変化します。

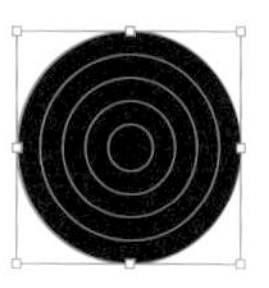

チェックなし

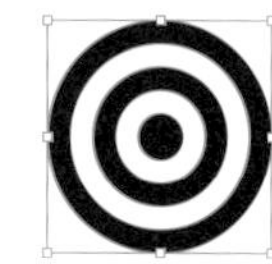

チェックあり

RECIPE
03

太さや数を自在に調整できる

ひらめきアイコン

ここがポイント

線を点線に変える「破線」は、数値設定でさまざまな形を作ることができます。

動画でも解説！

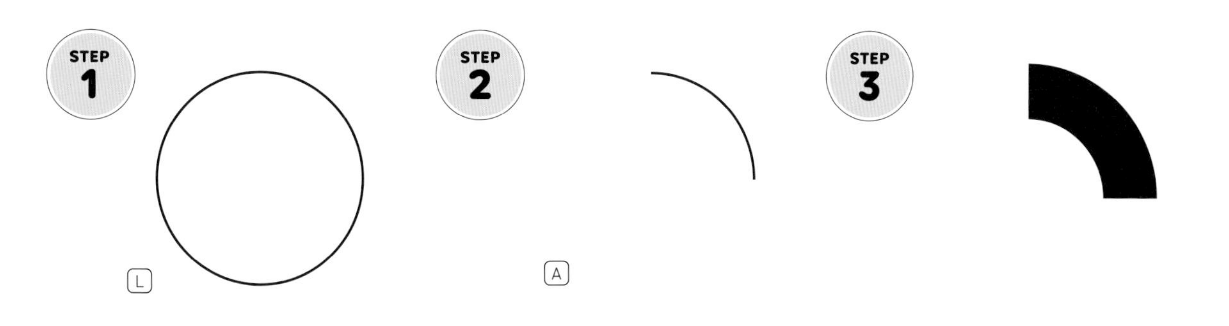

正円を描く

楕円形ツールでShift+ドラッグし、直径80pxで正円を描く。

右上の曲線以外を削除

ダイレクト選択ツールで右上のパス以外を削除。

線幅を太くする

線パネルから線幅を太く（作例は21pt）。

STEP 4 完成！

破線にチェックし数値を入力

破線をチェックし「正確な長さを保持」を選択。線分3pt、間隔16ptに。

3 4 線パネル

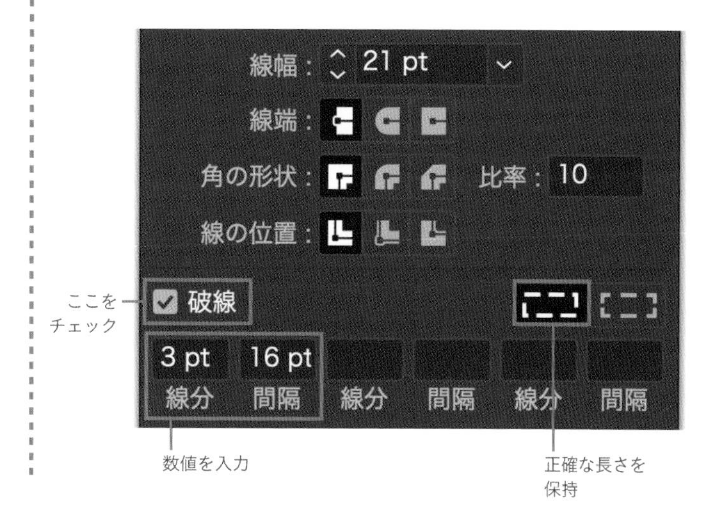

解説

破線の「線分」と「間隔」とは

破線とは線を点線にする機能です。「線分」だけ線を描き、「間隔」だけ余白を空けてまた次の線分を描く、という繰り返しになっています。

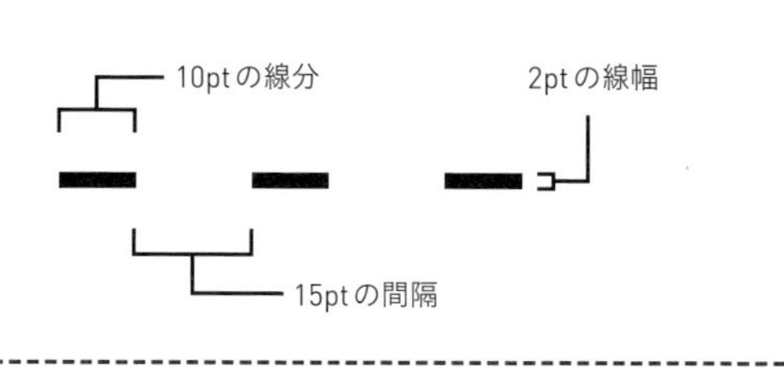

MEMO

線パネルに「線幅」しか表示されていない時は、パネル右上のメニューから「オプションを表示」を選択します。

RECIPE
04

「破線」を加工して作れる！

破線で
切手フレーム

ここがポイント

破線をアウトライン化すれば、たくさんの正円をパスに沿って並べることができます。

動画でも解説！

STEP 1

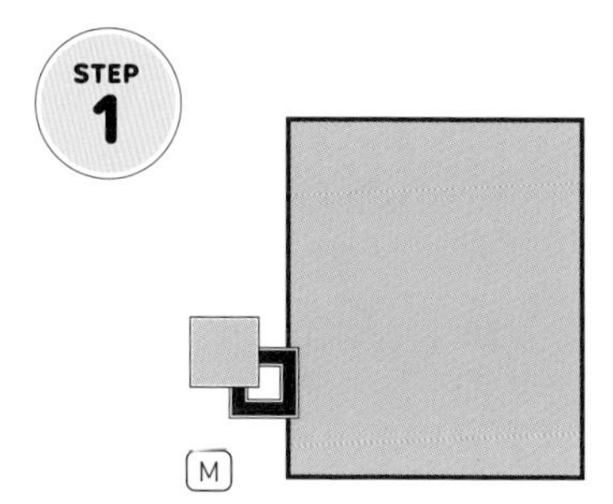

長方形ツールで長方形を描く

作例は幅21.5mm、高さ25.5mm（説明のため色をグレーにしています）。

STEP 2

破線にチェックし線分0、間隔を5に

線パネルから破線を設定。「コーナーや～先端を整列」を選択。

STEP 3

線端を丸型線端に。線幅を太く

丸型線端は線の端を丸く、破線の線分0の場合は正円になります。

STEP 4

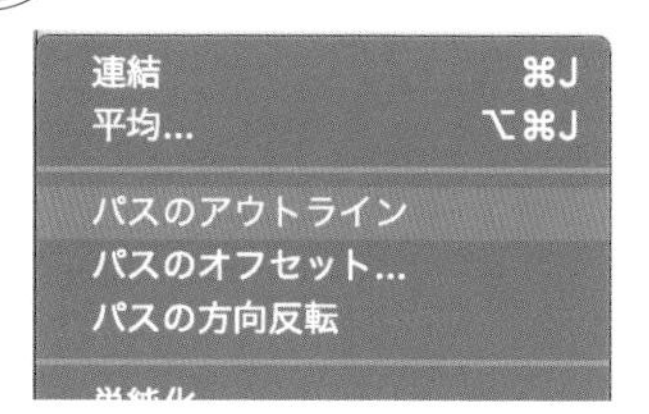

パスのアウトラインで破線を正円に分割

オブジェクト＞パス＞パスのアウトライン でパス化。

STEP 5 完成！

前面オブジェクトで型抜き

パスファインダー＞前面オブジェクトで型抜き でくり抜いて完成。

MEMO

手順1のように図形の大きさを数値指定したい場合は、長方形ツールでアートボードをクリックして数値入力で作成しましょう。

2 3 線パネル

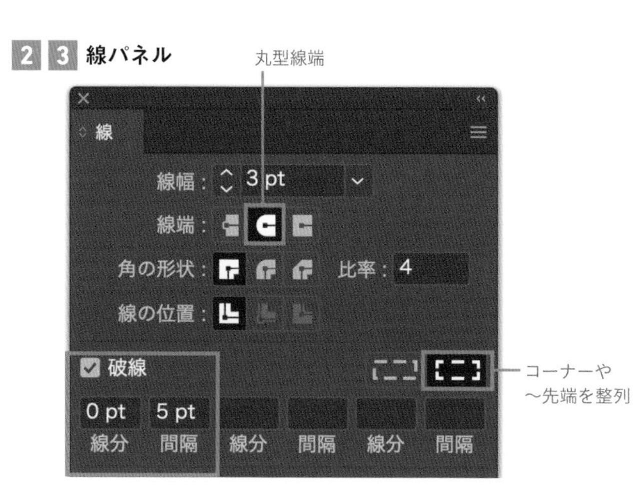

解説

正円の点線

線分0で線端を「丸型線端」にすると正円の点線に、「突出線端」にすると正方形の点線になります。

丸型線端 ● ● ● ●

突出線端 ■ ■ ■ ■

RECIPE
05

星が一瞬で変形！

歯車

ここがポイント

ライブコーナーは角丸だけでなく、直線や内側角丸などの形状にも変形できます。

動画でも解説！

STEP 1

アイコンを長押しして表示

STEP 2

STEP 3

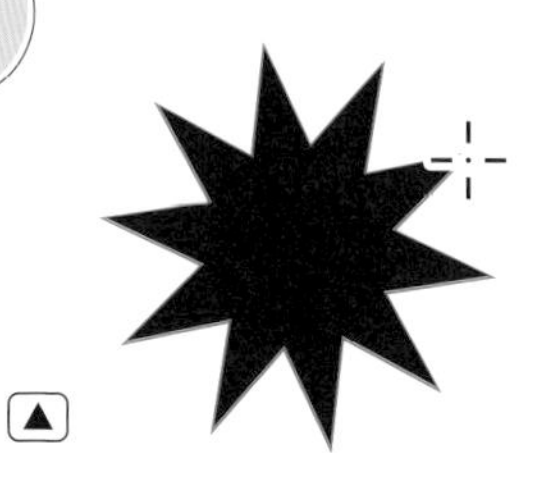

スターツールを選択

長方形ツールを長押しし、スターツールを選択。

スターツールのドラッグを維持

スターツールでアートボードをドラッグし、その状態を維持する。

上下キーで角の数を調整

ドラッグ中にキーボードの上キーで角を増やし、ドラッグを終了する。

STEP 4

角にある丸を
ドラッグ

STEP 5 完成!

ライブコーナーのドラッグを維持

ダイレクト選択ツールで角の丸印を内側にドラッグし、その状態を維持。

下キーで角の形状を変更

ドラッグ中にキーボードの下キーを押して、角の形状を変更して完成。

MEMO

中に丸を並べたい場合は、正円を中心に描き、丸破線（P17）にすると楽です。

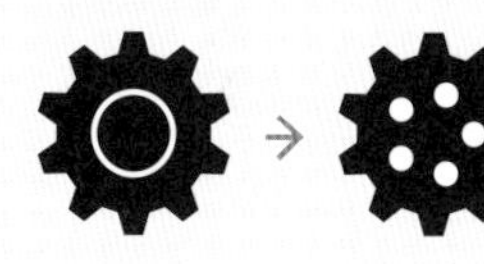

解説

ライブコーナーの角の種類と切り替え方

ライブコーナーは全部で3種類の角の形状を使えます。
形状を切り替える方法は以下の3つです。

- ドラッグ中にキーボードの上下キーを押す。
- 角の丸印をOption（Alt）を押しながらクリック。
- （長方形、多角形ツールで描いた場合）変形パネルのプロパティから変更。

角丸(外側)

角丸(内側)

面取り

RECIPE
06

曲線に沿って模様を並べられる！

太陽のシンボル

ここがポイント

パターンブラシを自作すれば、複雑な模様を
パスに沿ってかんたんに並べることができます。

動画でも解説！

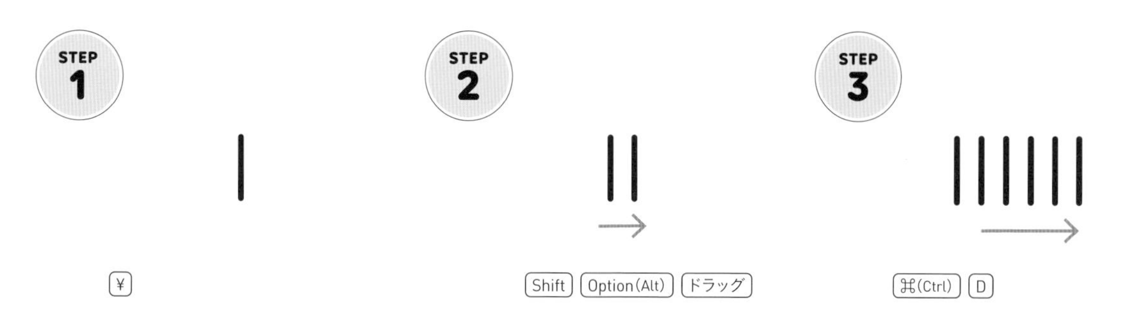

丸型線端の垂直線を描く

垂直線を描き、線パネルから線端を丸型線端に変更。

垂直線を横に移動コピー

Shift + Option を押しながら横にドラッグし、直線を移動コピーする。

変形の繰り返しを数回

オブジェクト＞変形＞変形の繰り返し で線を数本増やす。

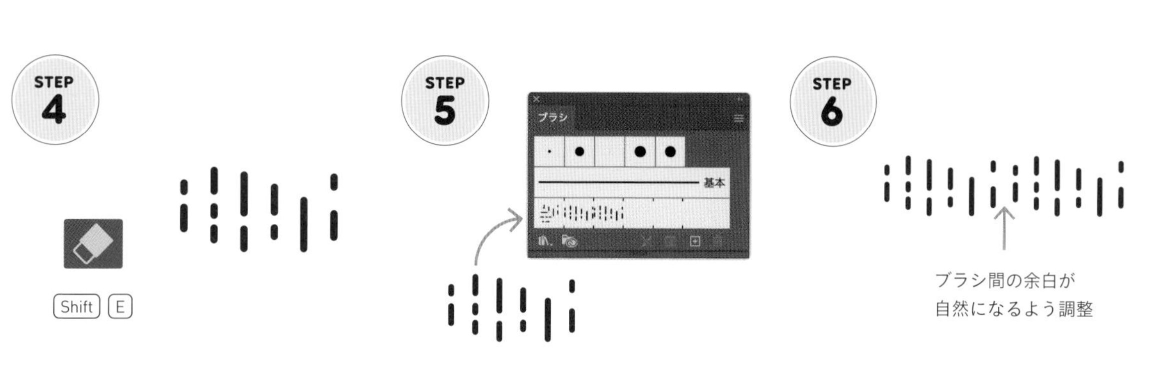

消しゴムツールで一部を削る

消しゴムツールで線をドラッグし、隙間を空ける。

パターンブラシに登録

全選択し、ブラシパネルにドラッグ。パターンブラシを選択してOK。

ブラシの間隔を広げる

パターンブラシオプションで「間隔」の数値を調整し、OKを押して確定。

6 パターンブラシオプション

パターンブラシは登録したオブジェクトを線に沿って繰り返すブラシです。デフォルトではブラシとブラシの間がつながっており、「間隔」の数値を変えることで調整できます。

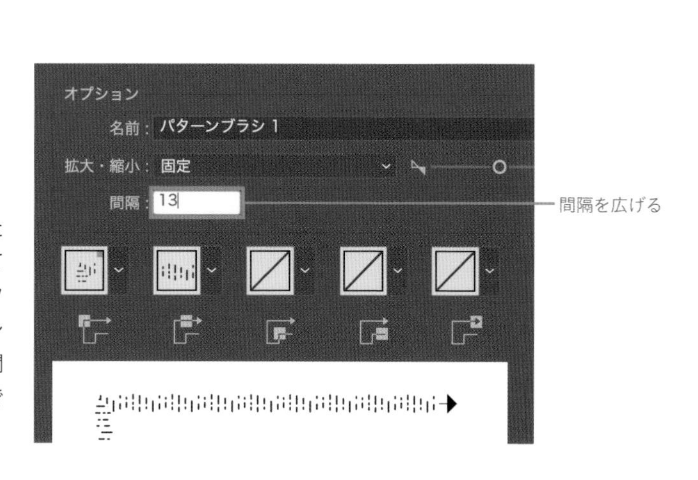

STEP 7

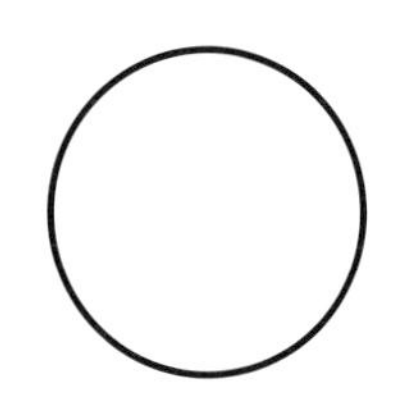

L

正円を描く

楕円形ツールでShift+ドラッグし、正円を描く。

STEP 8 完成！

正円にブラシを適用

手順6のブラシを正円に適用し、線幅を調整して完成。

MEMO

正円に適用した際にブラシが想定より大きくなってしまった場合は、線幅で調整しましょう。

解説

太陽ブラシの活用法

ブラシの一部を加工したい場合

文字と合わせて使う場合、文字と重なる部分を削る必要があります。ブラシのままでは加工できないため、オブジェクト>アピアランスを分割 でパス化しましょう。

白抜きで使用したい場合

ブラシパネルから作成したブラシをダブルクリックし、オプションの着色>方式 を「色彩」に変更。線の色を白にすると、図のように白い線にできます。

RECIPE
07

模様をかんたんに繰り返しできる！

ギンガムチェック

ここがポイント

パターンスウォッチを自作することで、ほしい
模様がすぐに手に入ります。

動画でも解説！

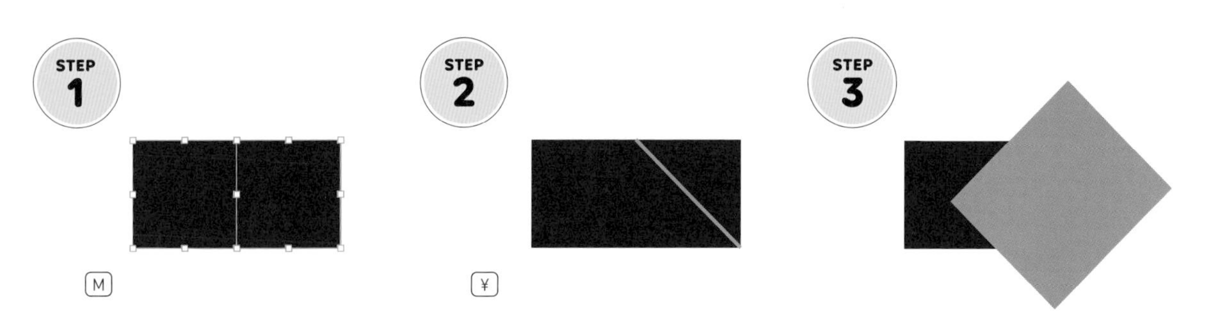

正方形を2つ描く

正方形を描き、横に接する位置にコピーする。

右の正方形に対角線を描く

直線ツールでShiftを押しながらドラッグするとぴったり45度に。

正方形が隠れるまで線を太く

下の正方形が完全に隠れるまで、線幅を太くする。

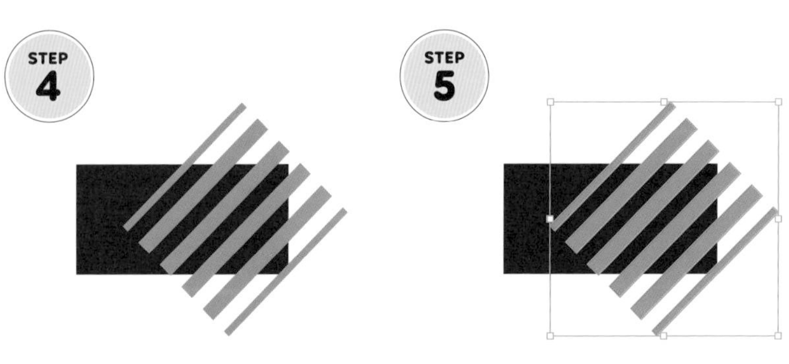

破線にする

線パネルから破線をチェック。「コーナーや～先端を整列」を選択。

パスのアウトライン

破線を選択し、オブジェクト>パス>パスのアウトライン を適用。

4 線パネル

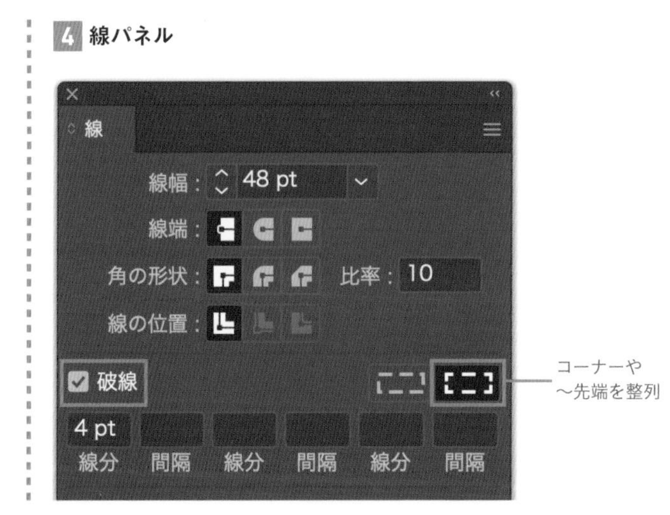

STEP 6

前面オブジェクトで型抜き

破線と正方形1つでパスファインダー＞前面オブジェクトで型抜き。

STEP 7

左下に移動コピー

結合したオブジェクトを左下に移動コピー。

STEP 8

スウォッチにドラッグ

全選択し、スウォッチパネルにドラッグしてパターンスウォッチにする。

STEP 9 完成！

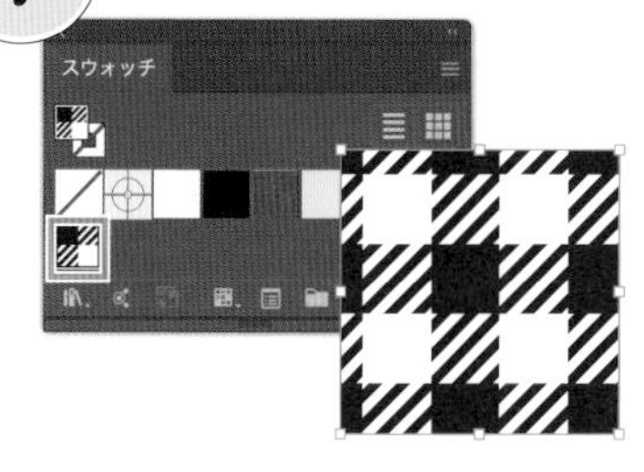

塗りに適用して完成

塗りにスウォッチを適用して完成。

6 パスファインダーパネル

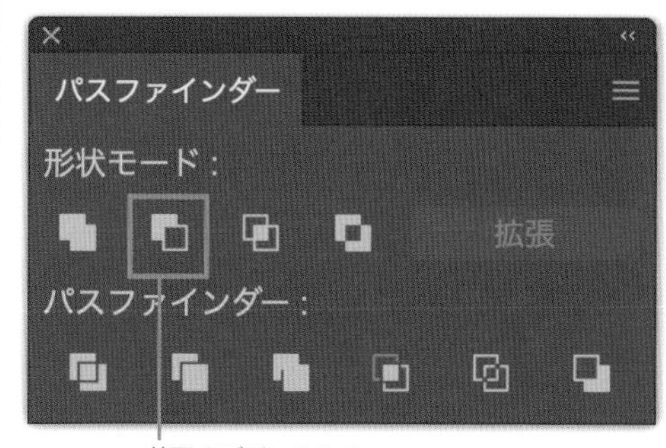

前面オブジェクトで型抜き

破線の整列方法

破線の右上のボタンで、パスに対する破線の並べ方を変更できます。

線分と間隔の正確な長さを保持

値どおりの線分と間隔になり、パスの終点で線分は途切れます。

コーナーやパス先端に破線の先端を整列

両端の線分が半分になり、線にぴったりとそろいます。中間は線の長さに応じて微調整されます。

RECIPE
08

複雑な模様は途中でパターン化してしまおう！

アーガイル

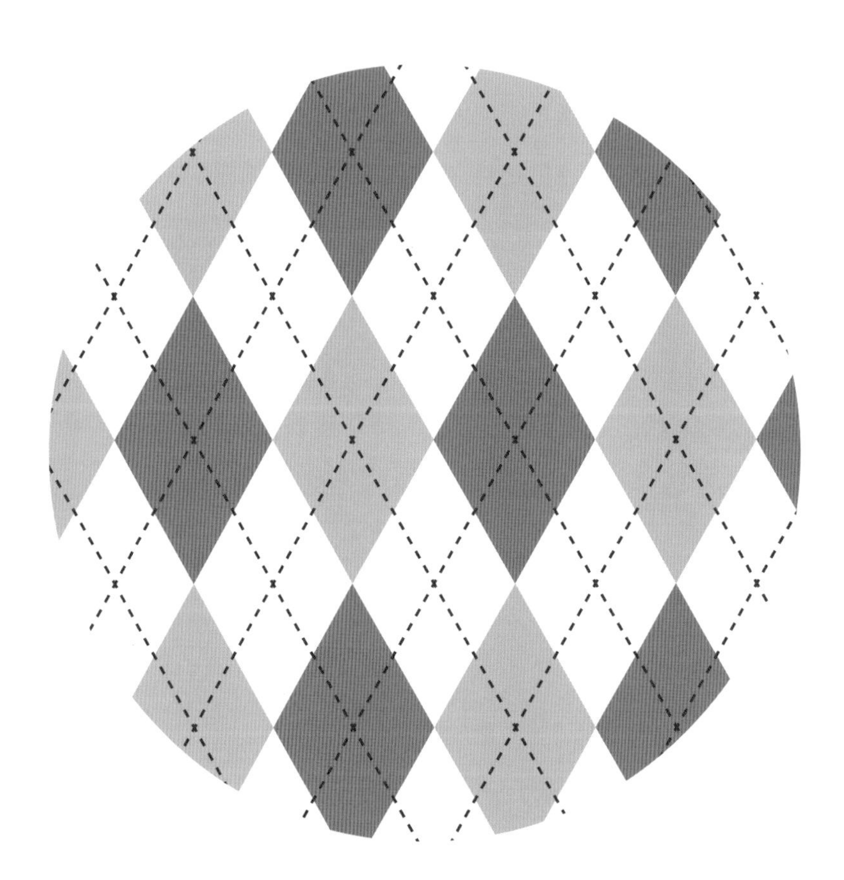

ここがポイント

タイルサイズは線幅の影響を受けるので、途中でパターン化すると時短できる場合もあります。

動画でも解説！

多角形ツールを選択

長方形ツールを長押しし、多角形ツールを選択。

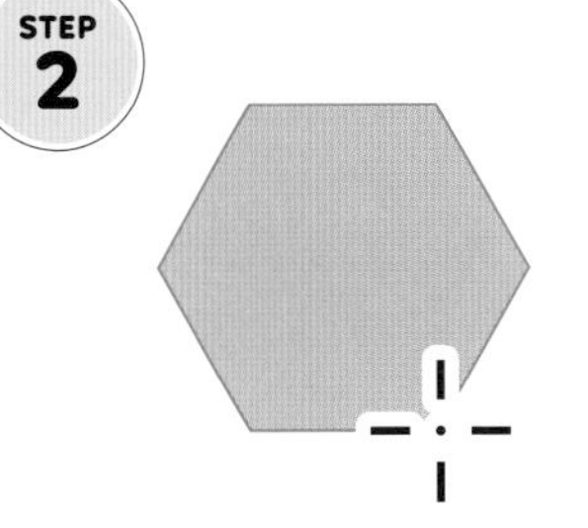

多角形ツールでドラッグを維持

多角形ツールでドラッグし、その状態を維持する。

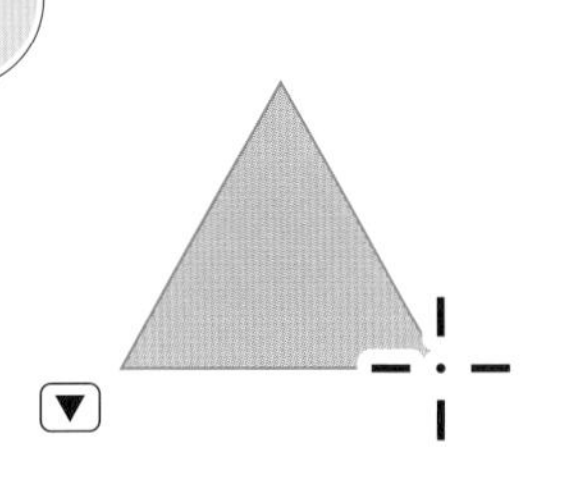

下キーで三角形に変更

ドラッグ中に下キーで角の数を3に調整。Shiftを押しながら離す。

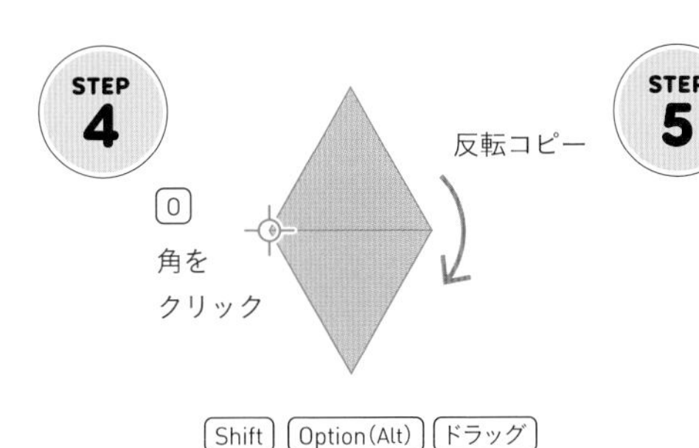

リフレクトツールで反転コピー

リフレクトツールで底辺の角をクリックし、下へ反転コピーする。

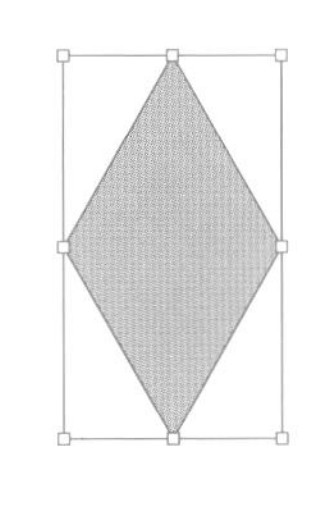

パスファインダー＞合体

全選択し、パスファインダーで結合して菱形に。

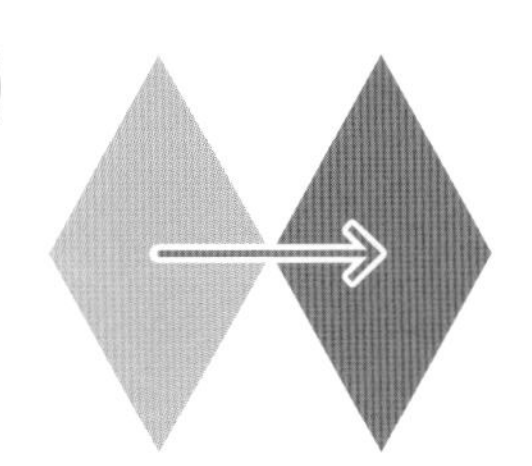

横にコピーし、色を変更

菱形を横に接するように移動コピーし、色を変更する。

全選択し、パターン化

全選択し、オブジェクト＞パターン＞作成。パターン編集モードへ。

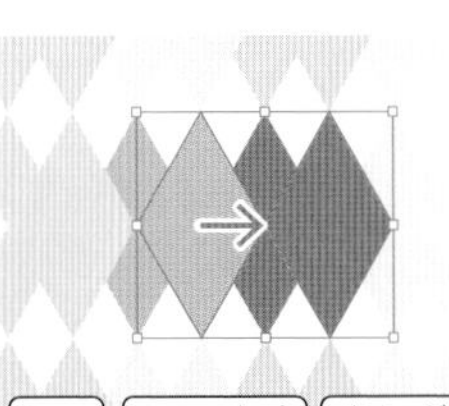

半個分だけ横に移動コピー

全選択し、菱形の幅の半分だけ横に移動コピーする。

コピーした方の色を変更

コピーした菱形2つの色を変更する。

STEP 10

塗り線を入れ替え

手順9の菱形2つの塗りと線を入れ替える。

STEP 11

破線にして先端を整列

破線にチェックし、線分を調整。パス先端に破線の先端を整列する。

STEP 12

タイルの種類をレンガ(横)に

パターンオプションのタイルの種類を「レンガ（横）」に変更。

STEP 13 完成！

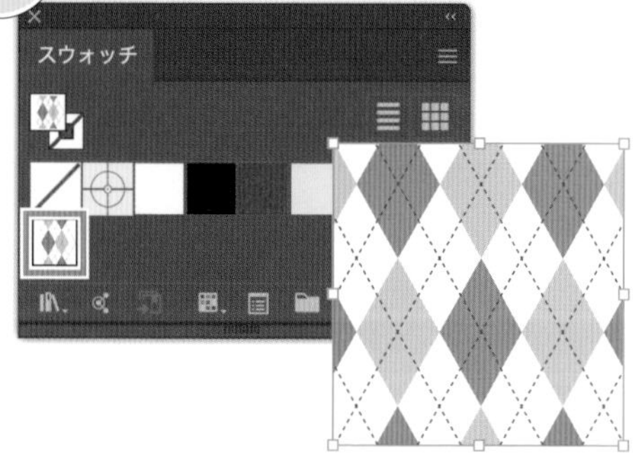

塗りに適用して完成

escキーで元の画面に戻る。塗りにスウォッチを適用して完成。

12 パターンオプション

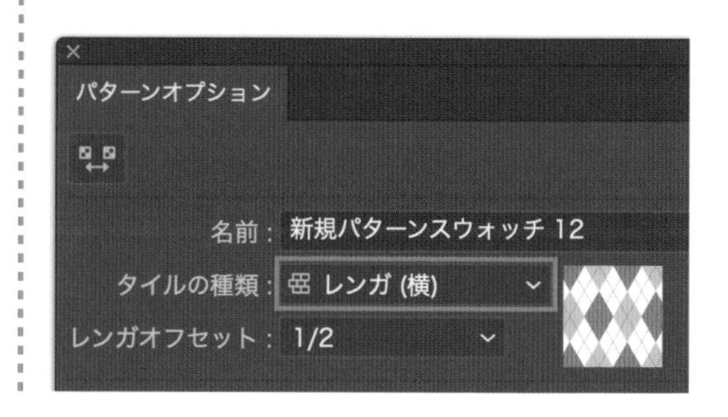

パターンオプションが表示されない場合は、上のメニューバーから ウィンドウ>パターンオプション で表示できます。

解説

なぜ途中でパターン化したのか

パターンは一定の大きさの枠（タイルサイズ）でオブジェクトをリピートします。この枠は登録したオブジェクトの大きさと等しく、線幅もカウントされるため右図のようにずれてしまうのです。

もちろん後から枠の大きさを調整はできますが、その手間を省くために途中でパターン化しています。

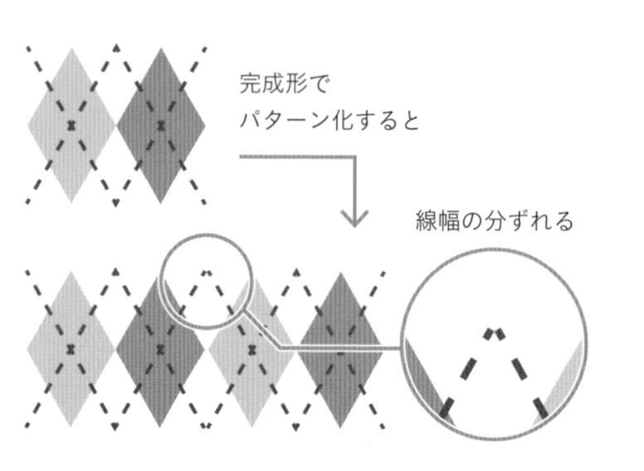

RECIPE
09

効果で丸を星型に変形！

キラキラ
ハーフトーン

ここがポイント

効果を活用することで、破線で並べた図形を
一括で変形することができます。

動画でも解説！

STEP 2

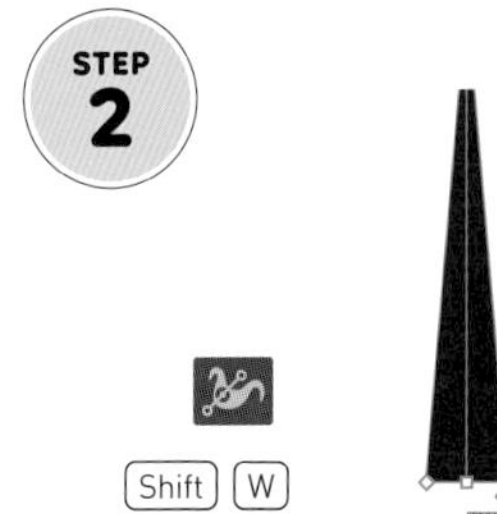

STEP 3

垂直線を描く

直線ツールでShift+ドラッグ。長さは74px、線幅は3pt程度に。

線幅ツールで下を太く

線を選択し、線幅ツールで下を少し太くする。

丸型線端に変更

線パネルを開き、線端を丸型線端に変更。

線パネルから破線に

線分は0に、間隔は太くなった線幅より小さい数値に。間隔12pt。

間隔の半分の値で移動コピー

選択しReturn（Enter）キー。水平垂直それぞれ6pt移動コピーする。

間隔の値で右に移動コピー

全選択し、水平方向に12pt移動コピー。

5 移動

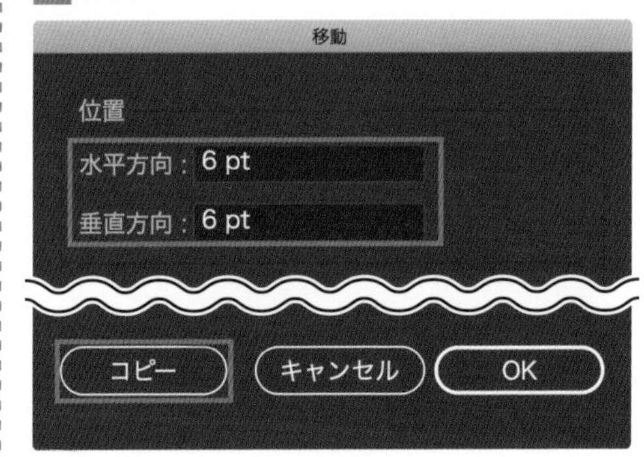

選択ツールでオブジェクトを選択した状態でReturn(Enter)キーを押すと、移動のウィンドウが表示されます。数値入力でオブジェクトを移動させるか、元のオブジェクトを残して移動先へコピーできます。

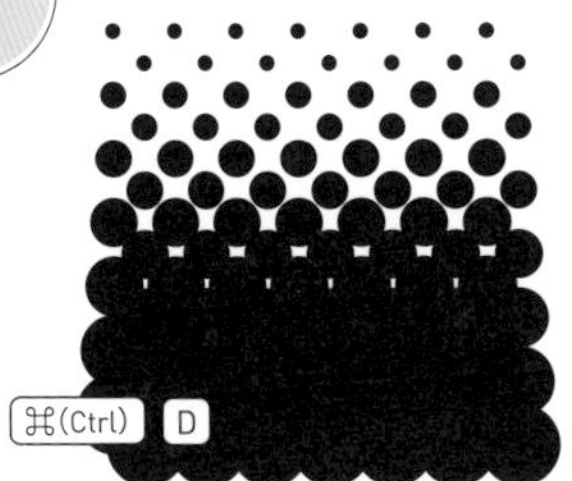

変形の繰り返し

変形の繰り返しで、必要な数だけ増やす。

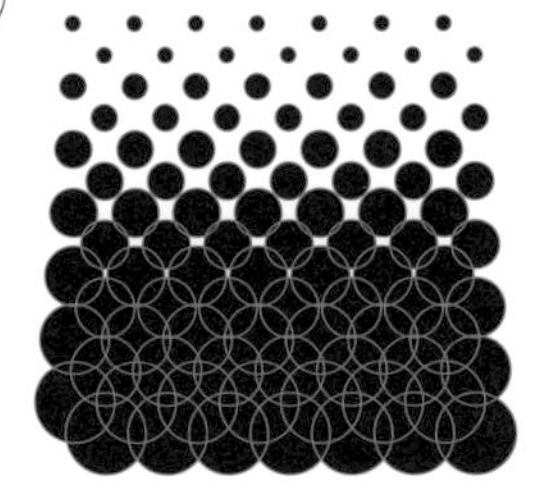

アピアランスを分割

全選択し、オブジェクト>アピアランスを分割 を適用。

パンク・膨張 を適用

効果>パスの変形>パンク・膨張 で数値は-50%に。

STEP 10

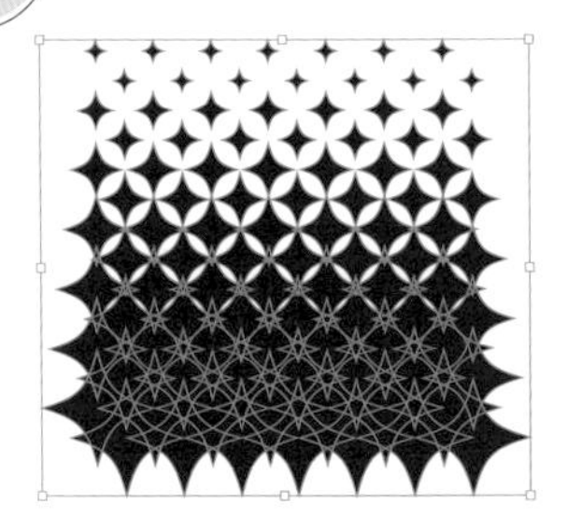

アピアランスを分割

全選択し、オブジェクト>アピアランスを分割 を適用。

STEP 11 完成!

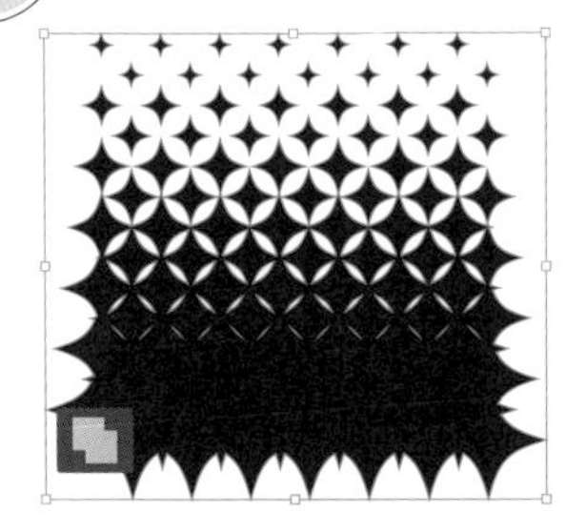

パスファインダー>合体

パスファインダーで結合して完成。

解説

アピアランスとは何か

「外観」の意味で、Illustratorでは塗り・線・効果・不透明度の、パスの見た目に関する項目の総称です。

あくまで見た目だけなのでアピアランスで変形した形状を直接編集はできませんが、オブジェクト>アピアランスの分割 を適用すると見た目どおりのパスに変換され、パスファインダーなどでの加工も可能になります。

ただし、一度分割すると効果などはすべて解除され、(⌘Zで戻らない限り) 後から微調整はできなくなります。

RECIPE
10

かんたん&きれいに描ける

サンバースト

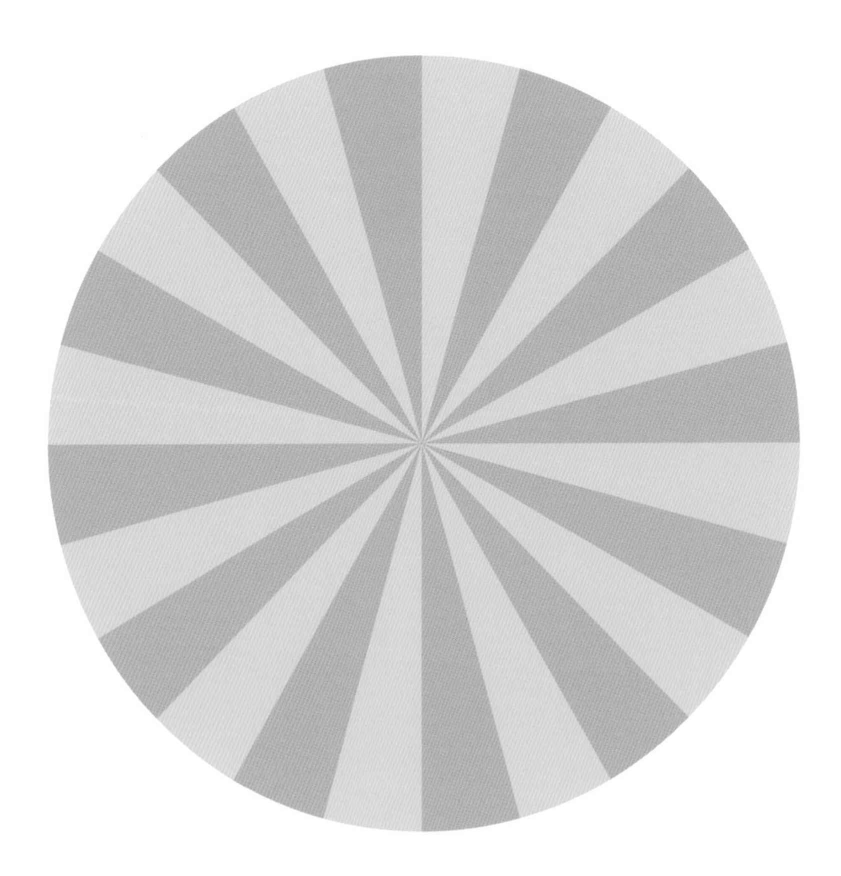

ここがポイント

「破線」は手早く調整もかんたんで、「扇型」は一手間かかりますが中心部まで正確に作図できます。

動画でも解説！

破線から作る場合

STEP 2

STEP 3 完成！

L

正円を描く

楕円形ツールでShiftを押しながらドラッグし、塗りのみの正円を描く。

破線にチェック

線パネルから破線にチェックし、線幅の数値を調整。

線幅を円の幅と同じ数値に

線幅を正円の幅と同じ数値に変更して完成。

扇型から作る場合

STEP 1

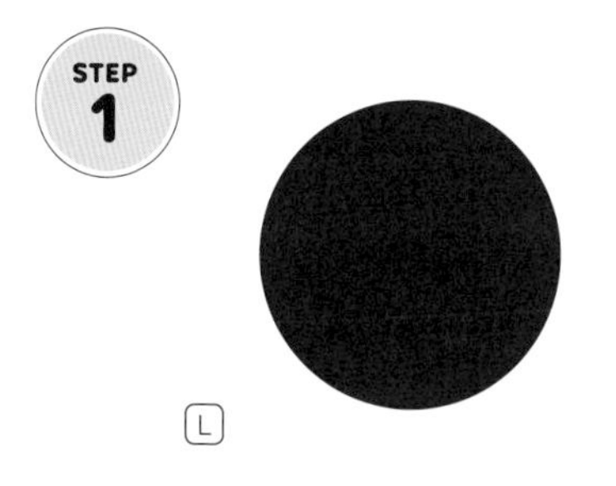

STEP 2

STEP 3 完成！

正円を描く

楕円形ツールでShiftを押しながらドラッグし、塗りのみの正円を描く。

20度の扇型に変形

変形パネルの楕円形のプロパティから、扇型の終了角度を20度に。

効果 変形 で 40度回転コピー

効果＞パスの変形＞変形。回転は40度、基準点は左下、コピーを8に。

2 変形パネル

3 変形効果

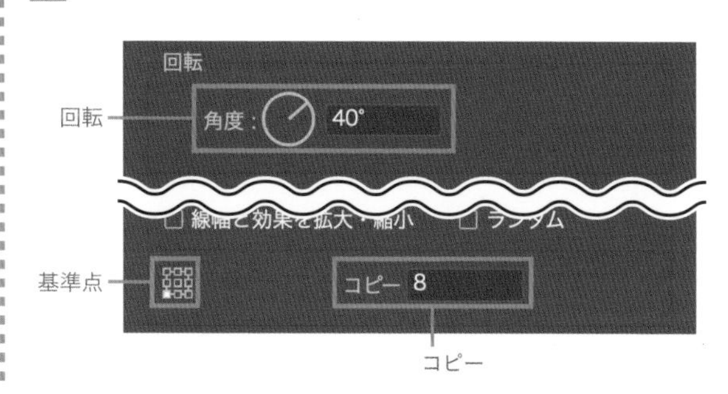

「効果 変形」の肝は基準点とコピーにあり！

効果＞パスの変形＞変形 は普通に使えばオブジェクトを大きくしたり回転させたりとごく普通の機能しかありませんが、下部にある「基準点」と「コピー」を使いこなすことで非常に幅広い用途が生まれます。

基準点を変更する

変形はデフォルトではオブジェクトの中心を軸に適用されますが、基準点を変更することで上下左右ななめいずれかの点を基準に回転や拡大などを適用できます。

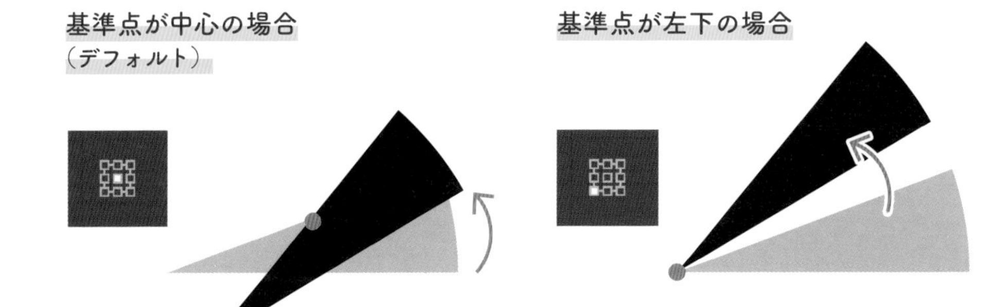

コピーで変形を繰り返す

コピーに1と入力すると、元のオブジェクトはそのままで回転などの変形を適用した場合のオブジェクトがコピーされます。数値が2以上になると、さらに同じ変形を繰り返したオブジェクトが増えていきます。

コピー1の場合

コピー2の場合

効果で変形させたオブジェクトはあくまで見た目だけであり、実際は元のオブジェクトのままです。変形やコピーを見た目そのままのパスにしたい場合は、オブジェクト＞アピアランスを分割 を適用しましょう。

RECIPE
11

色をランダムに配色できる！

バームクーヘン

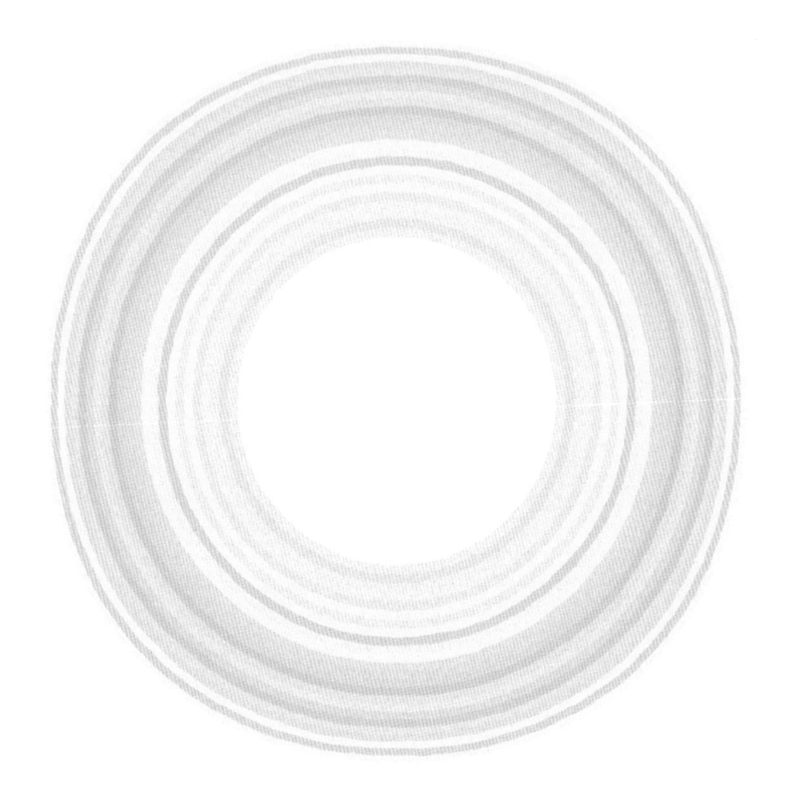

ここがポイント

色を少しずつ変化させランダムに配色することは、どちらもイラレの機能で一括処理できます。

STEP 1

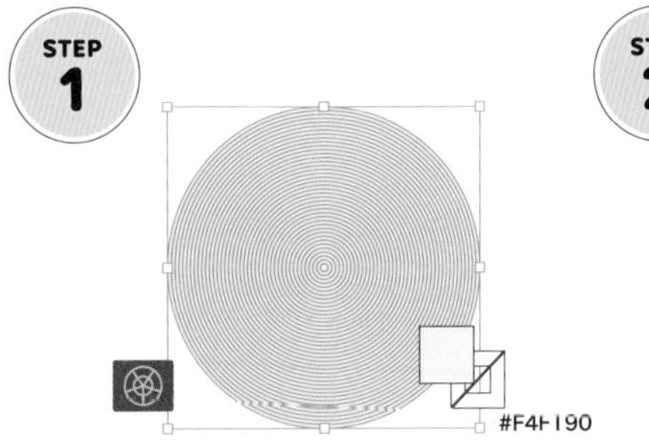

同心円グリッドツール

直径100px、同心円の線数0、円弧の線数40。グリッドの塗りのみオン。

STEP 2

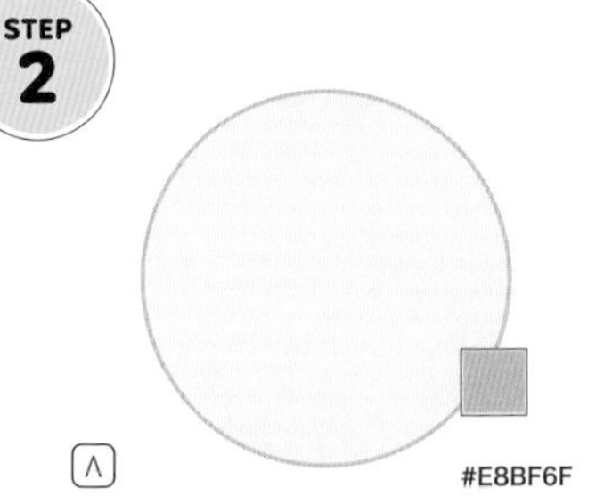

外側の塗りを焼き色に変更

ダイレクト選択ツールで外側の円を選択すると楽です。

STEP 3

前後にブレンド

編集＞カラーを編集＞前後にブレンド で色を段階的に変化させる。

STEP 4

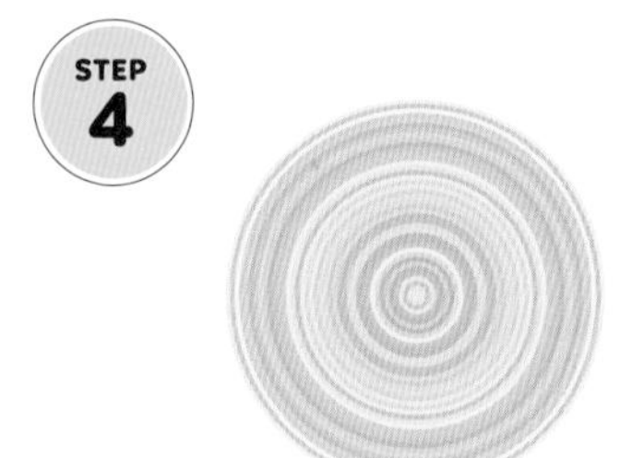

カラー配列をランダムに変更

編集＞カラーを編集＞オブジェクトを再配色から色をランダム配置に。

STEP 5

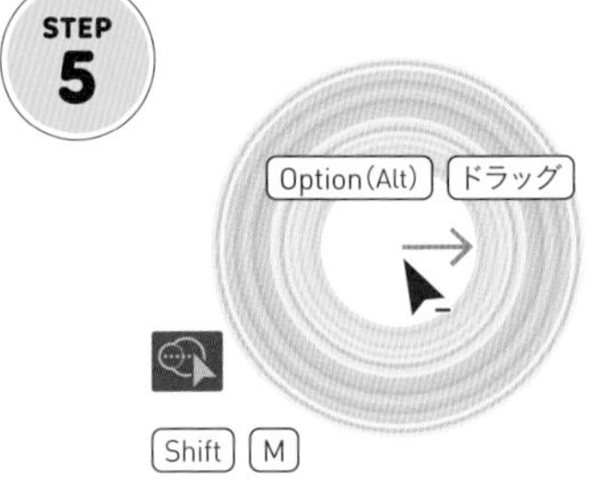

シェイプ形成ツールで穴を空ける

選択し、Option（Alt）を押しながらドラッグで中心部分を削除する。

STEP 6

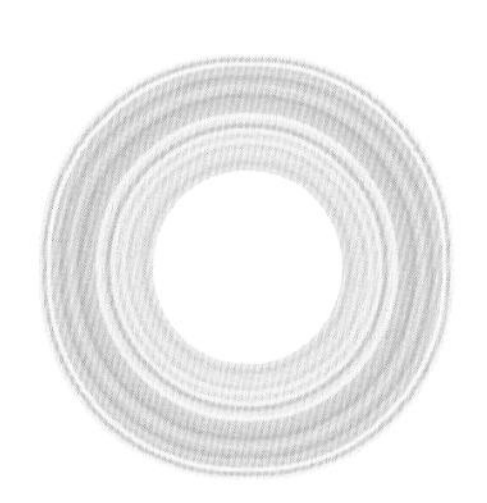

効果＞ワープ＞魚眼レンズ

カーブを15％程度適用して、正円を少しふっくらさせる。

4 オブジェクトを再配色

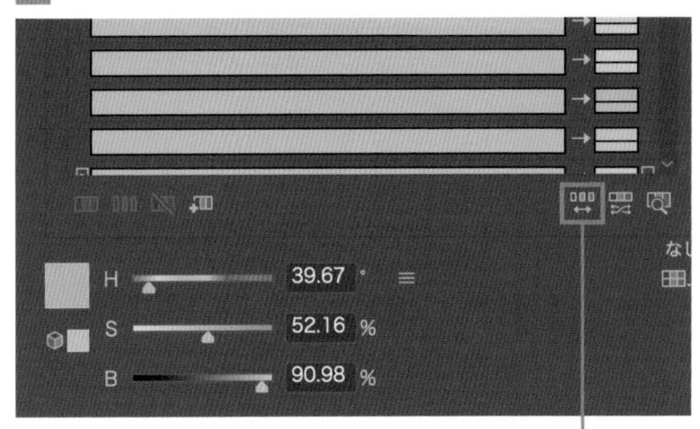

カラー配列をランダムに変更

左図のボタンを押すと、選択しているオブジェクトの色がランダムで入れ替わります。押すごとにシャッフルされるので、好みの配色になるまで繰りかえしましょう。

STEP 7

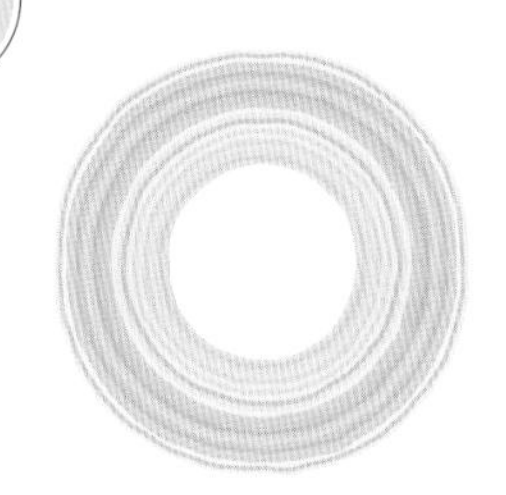

効果＞パスの変形＞ラフ

サイズが入力値で0.5pt、詳細が15、ポイントは丸く。

STEP 8

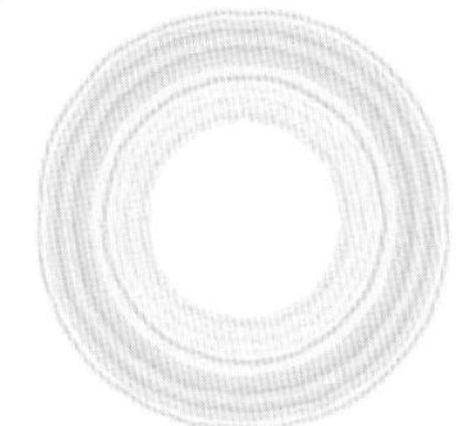

効果＞テクスチャ＞粒状

密度13、コントラスト50、粒子の種類は「拡大」にして完成。

シェイプ形成ツール

複数のオブジェクトを選択し、ドラッグした部分のみを分割・結合。Option（Alt）ドラッグすると分割・削除するツールです。ショートカットはShift + M。

パスファインダーと似ていますが、

- ショートカットですぐに呼び出せる。
- 任意の部分のみ結合・分割できる。

と、かなり使い勝手のいいツールです。

ドラッグした部分を分割・結合

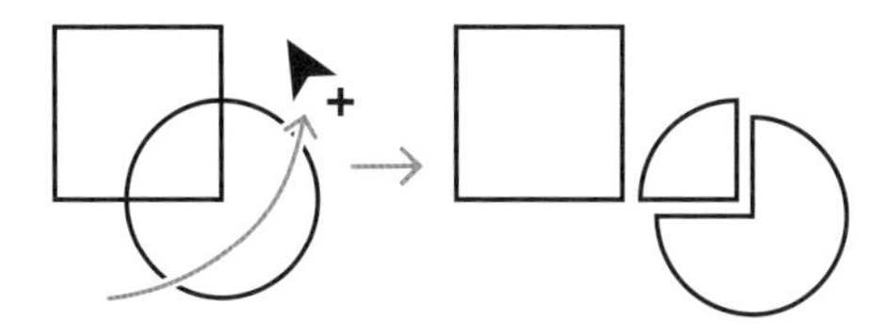

Option（Alt）＋ドラッグで分割・削除

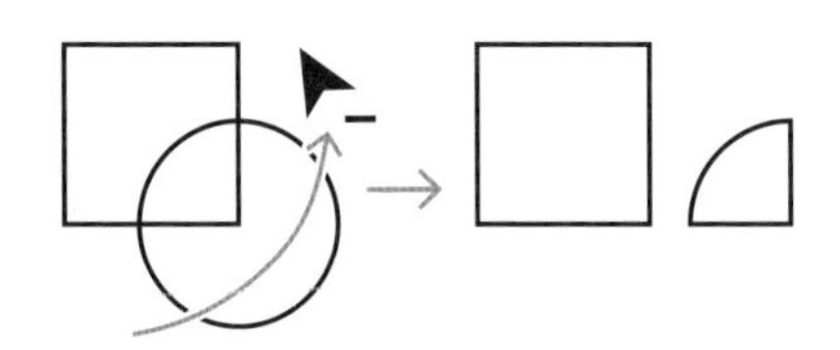

RECIPE
12

コピー機でかすれたみたいにできる！

劣化加工

ここがポイント

オブジェクトが画像になってしまう Photoshop 効果は、画像トレースでパスに変換できます。

動画でも解説！

イラストを用意

作例は幅150px程度。

効果＞ブラシストローク＞はね

スプレー半径20、滑らかさ10。

アピアランスを分割

オブジェクト＞アピアランスを分割で画像化。

画像トレースを適用

手順3で作成した画像を選択し、「画像トレース」をクリック。

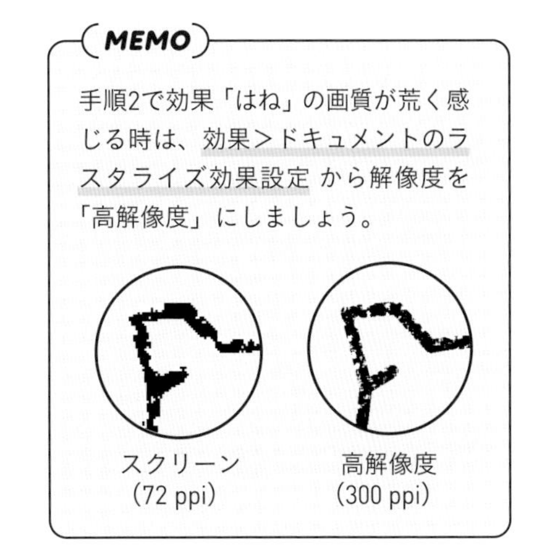

手順2で効果「はね」の画質が荒く感じる時は、効果＞ドキュメントのラスタライズ効果設定 から解像度を「高解像度」にしましょう。

4 コントロールパネル

●画像選択時のコントロール（表示されていない場合は ウィンドウ＞コントロール をチェック）

●画像トレース適用時のコントロール（次ページで使用）

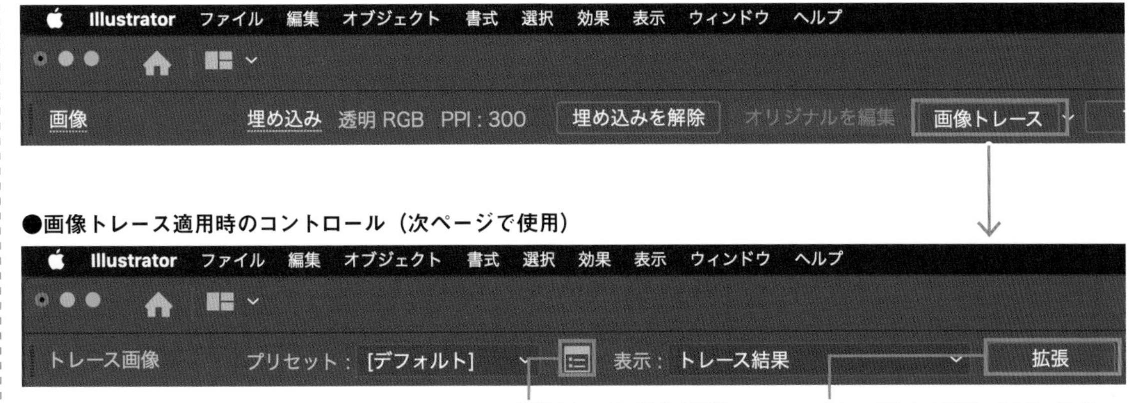

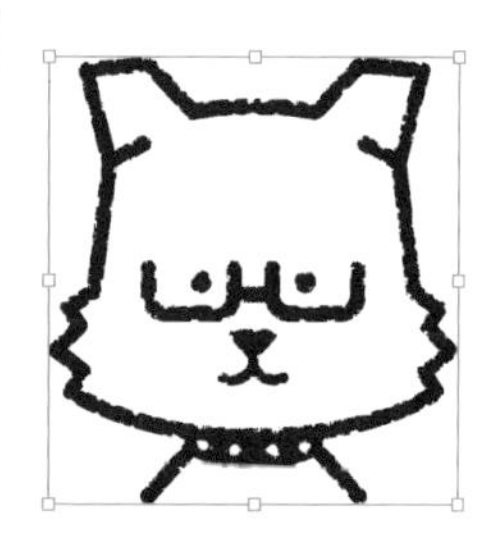

「ホワイトを無視」にチェック

画像トレースパネルで数値を調整し、「ホワイトを無視」にチェック。

拡張をクリック

コントロールから「拡張」をクリックし、パス化して完成。

5 画像トレースパネル

画像トレース

プリセット：カスタム

表示：トレース結果

カラーモード：白黒

パレット：限定

しきい値：128（少なく／多く）

▼詳細

パス：50%（低／高）

コーナー：75%（少なく／多く）

ノイズ：25 px（1／100）

方式：

作成：☑塗り □線

線：

オプション：□曲線を直線にスナップ
☑ホワイトを無視

パス：37　カラー：1
アンカー：303

☑プレビュー　トレース

「ホワイトを無視」を忘れずに！

MEMO

画像トレースの設定

- しきい値
この値より明るい色は白に、暗い色が黒になります。
- パス
値が大きいほど精密なトレースをします。
- コーナー
値が大きいほどコーナーが鋭く多くなります。
- ノイズ
値が大きいほど元画像の細かなノイズを無視します。

RECIPE
13

効果の組み合わせでかんたん&自由自在！

蜘蛛の巣

ここがポイント

ジグザグで円を直線に変換し、パンク・膨張でゆがませることであっという間に蜘蛛の巣が描けます。

STEP 1

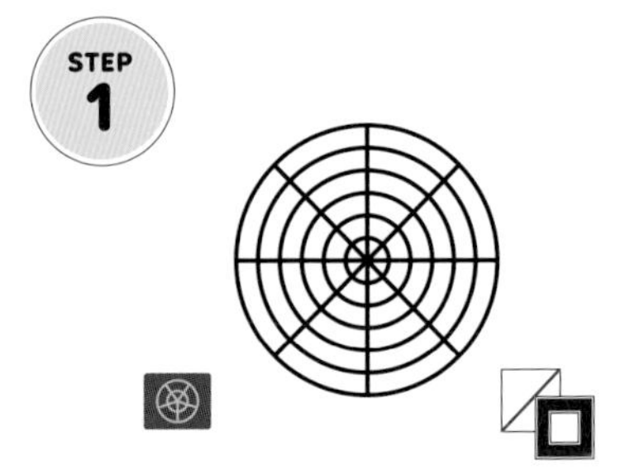

同心円グリッドツール

同心円の線数5、円弧の線数8、チェックはすべて外す。

STEP 2

分割線を拡大

選択ツールでダブルクリックしグループ編集モードへ。直線を拡大。

STEP 3

効果＞パスの変形＞ジグザグ

大きさ0、折り返し1、ポイントは直線的に設定。

STEP 4

効果＞パスの変形＞パンク・膨張

-15%程度で適用。

アピアランスを分割

オブジェクト＞アピアランスを分割。

STEP 6

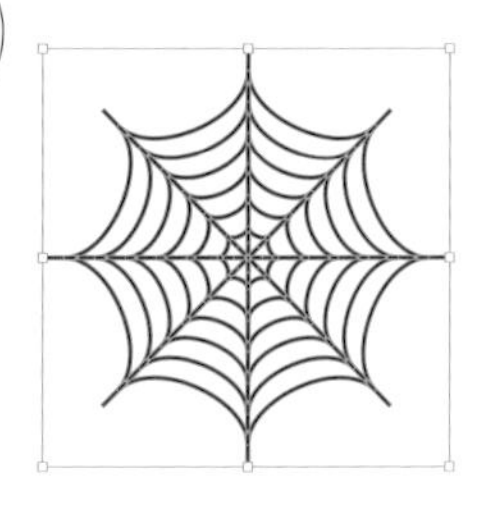

パスをアウトライン化

オブジェクト＞パス＞パスのアウトライン で線をパス化。

STEP 7

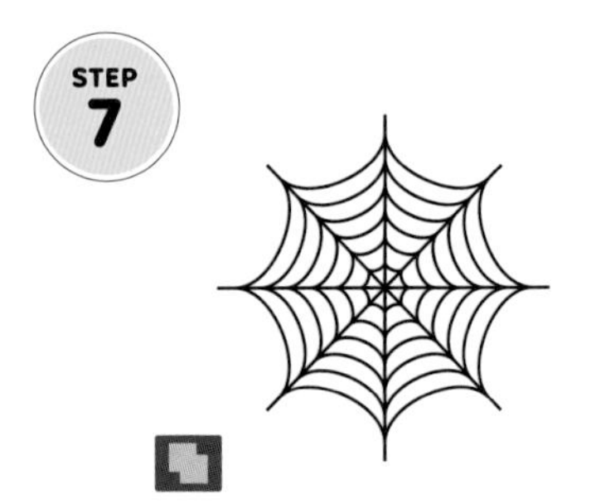

パスファインダー＞合体

全選択し、パスファインダーで結合。

1 同心円グリッドツールオプション

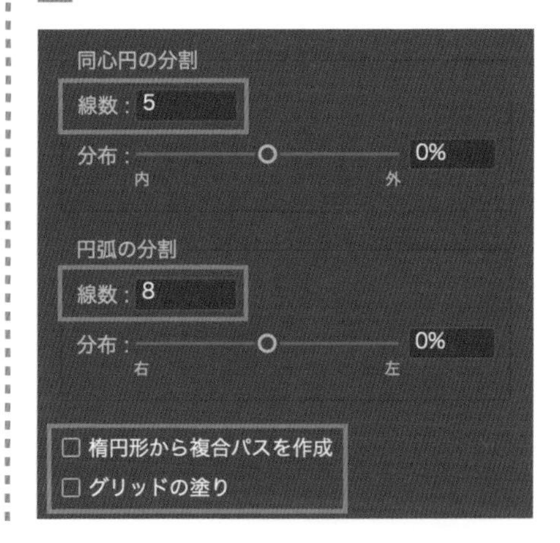

効果 パスの自由変形

効果＞パスの変形＞パスの自由変形で任意の形状にゆがませて完成。

8 パスの自由変形

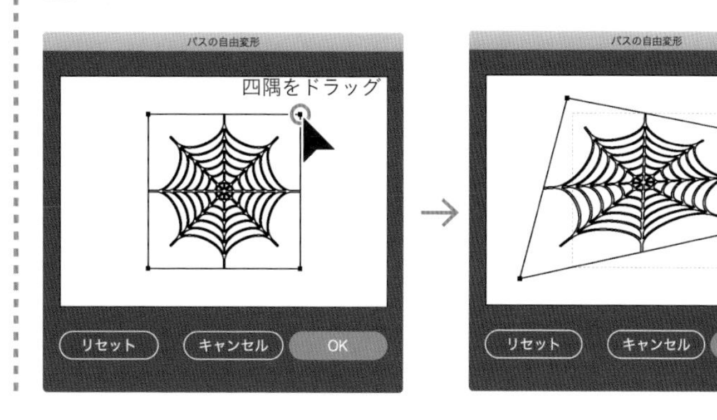

ジグザグの「折り返し」とは

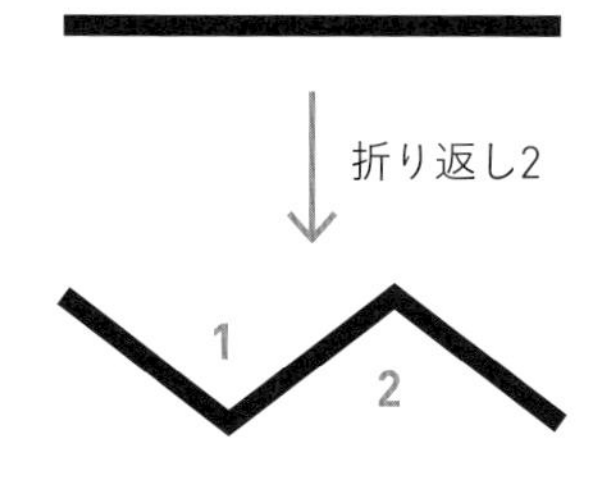

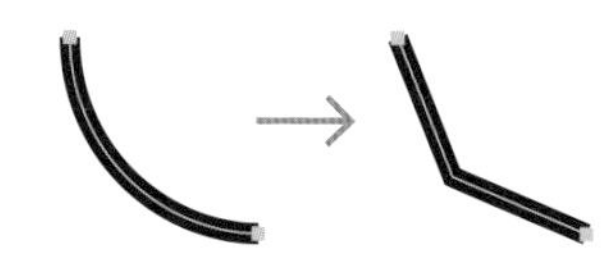

手順3の効果 ジグザグ でなぜ図のような形状になるのか。ポイントは、ジグザグの数値設定の1つ、「折り返し」です。

折り返しは、アンカーポイントとアンカーポイントの間でパスを折り曲げる回数の設定です。

同心円グリッドツールで作成した円は、上下左右に1つずつアンカーポイントがあり、4本の曲線で描かれています。

その曲線をそれぞれ1回折り返すことで、八角形に変形しています。

RECIPE
14

イラストを変換するだけでできる！

ドット絵

ここがポイント

じつは「モザイクオブジェクトを作成」という
機能で、かんたんにドット絵を作成できます。

イラストを用意

ドット絵に変換するイラストを用意。文字でも画像でもかまいません。

背面に異なる色の長方形を描く

一回り大きな長方形を背面に描く。イラストには使用していない色に。

STEP 3

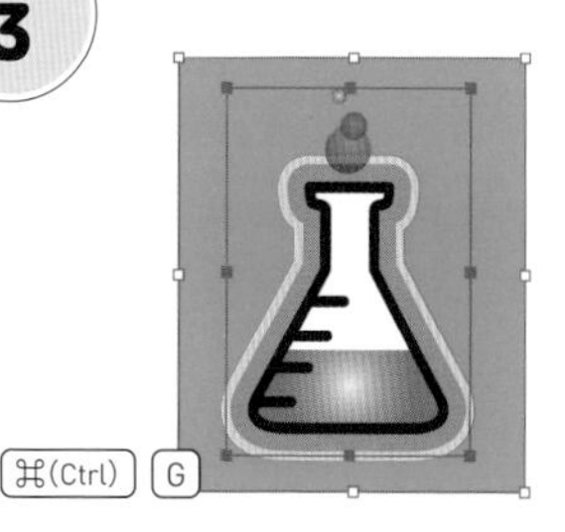

グループ化

全選択し、グループ化する。

STEP 4

効果＞ラスタライズ

解像度を「スクリーン（72ppi）」に。アンチエイリアスはなしに。

STEP 5

好みのドットになるまで縮小

ドットの大きさはそのままで小さくなります。

MEMO

手順4の「効果」のラスタライズは、「オブジェクト」のラスタライズとは別なので注意してください。

4 ラスタライズ

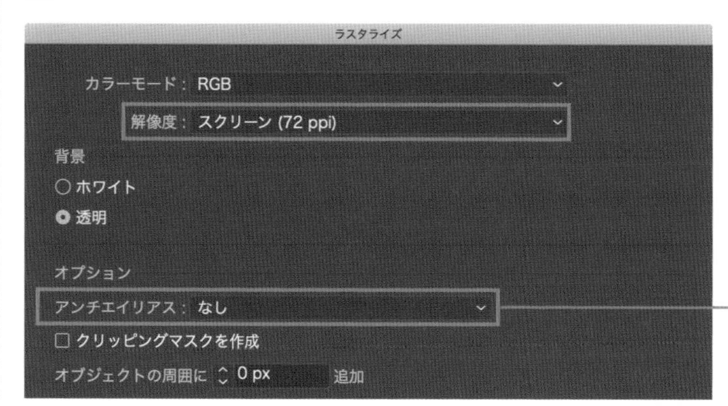

境界線をはっきりさせたい時は「なし」に。ぼやけさせたい場合は「アートに最適（スーパーサンプリング）に。

制作の都合上、表示単位をピクセルにする必要があります。
以下のやり方で一時的に表示単位を変更できます。

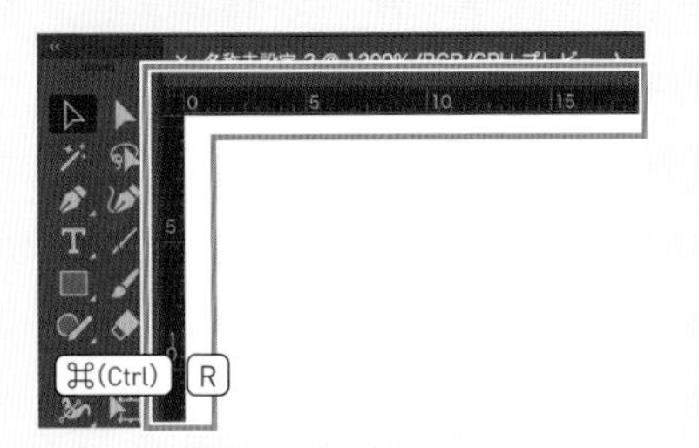

表示＞定規＞定規を表示 で、
定規を表示する。

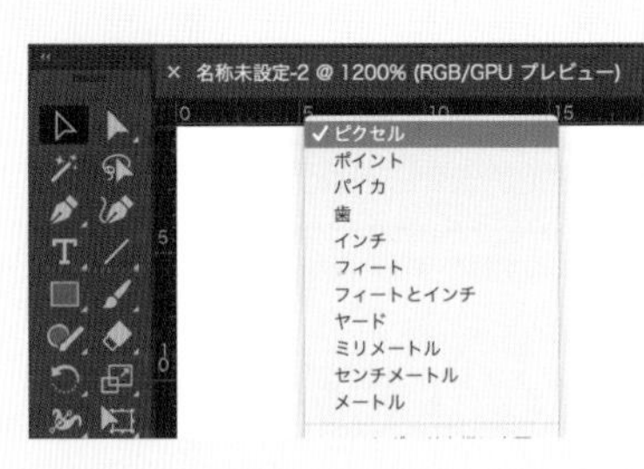

定規の上で右クリックし、
ピクセルを選択。

動画でも解説！ 

アピアランスを分割

オブジェクト＞アピアランスを分割で画像化。

STEP 7

分割・拡張...
アピアランスを分割
画像の切り抜き
ラスタライズ...
グラデーションメッシュを作成...
モザイクオブジェクトを作成...
透明部分を分割・統合...
ピクセルグリッドに最適化
スライス ▶
トリムマークを作成

モザイクオブジェクトを作成

オブジェクト＞モザイクオブジェクトを作成 をクリック。

STEP 8

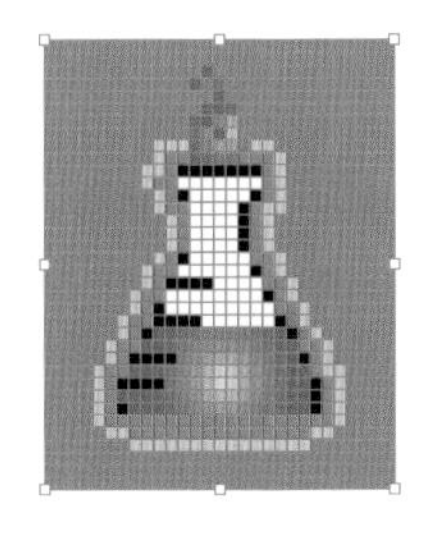

タイル数をサイズに合わせる

タイル数を新しいサイズに合わせ、ラスタライズデータを削除にチェック。

パスファインダー＞合流

パスファインダーから合流をクリック。同じ色のパスが結合されます。

周囲のパスのみ削除

ダイレクト選択ツールで周囲のパスのみを選択し、削除して完成。

7 8 モザイクオブジェクトを作成

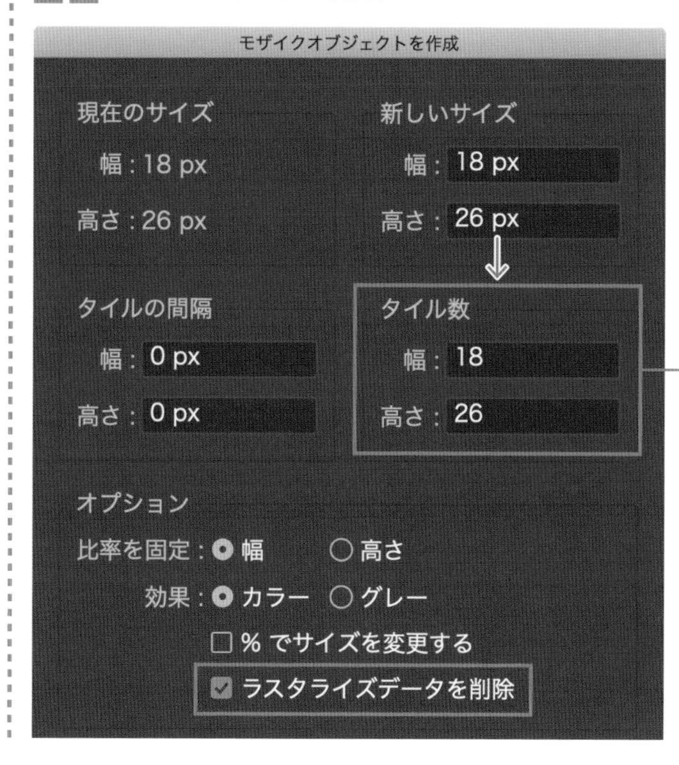

「新しいサイズ」に
数値を合わせる

効果 ラスタライズを使った理由

「モザイクオブジェクトを作成」は画像であれば何でも変換できるので、オブジェクト＞ラスタライズ で画像化したイラストでも使えます。

しかし実際にパス化するまでどの程度のモザイクになるか不明のため、うまくいかなければまた変換のやり直しになりめんどうです。
なので効果 ラスタライズ で事前にシミュレートをおこなっています。ピクセル画像の状態を確認し、1pxを1タイルとしてモザイク化することで、シミュレートとまったく同じのモザイクにすることができます。

RECIPE
15

イラレで立体モデルが作れる！？

3Dでパラソル

ここがポイント

効果 3Dを使えば、角度を自由に動かせる立体的なイラストを作成できます。

動画でも解説！

傘の部品を作る

色違いの長方形を2つ描く

長方形を描き、横に移動コピー。片方の色を変更。

効果＞ワープ＞上弦

水平方向にカーブ-50％で適用。

まとめて横に3回コピー

全選択し、横に接するように移動コピーを3回繰り返す。

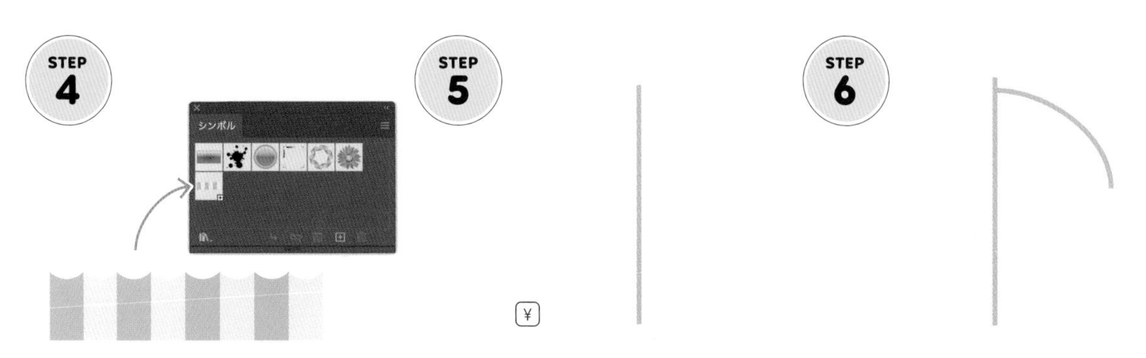

シンボルに登録

全選択し、シンボルパネルの中にドラッグしてシンボルに登録する。

支柱になる垂直線を描く

パラソルの支柱部分になる直線を描く。色はグレーなどをお好みで。

曲線を描く

直線の右側に接する曲線を描く。

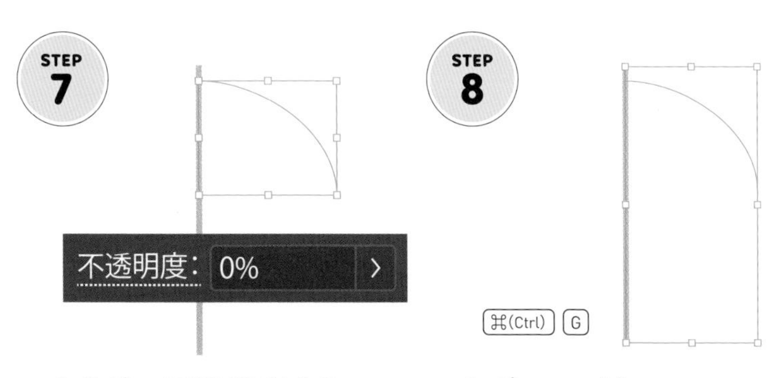

曲線の不透明度を0に

線のみを選択し、不透明度を0に。

グループ化

全選択し、グループ化。

効果3Dで傘を組み立てる

STEP 10

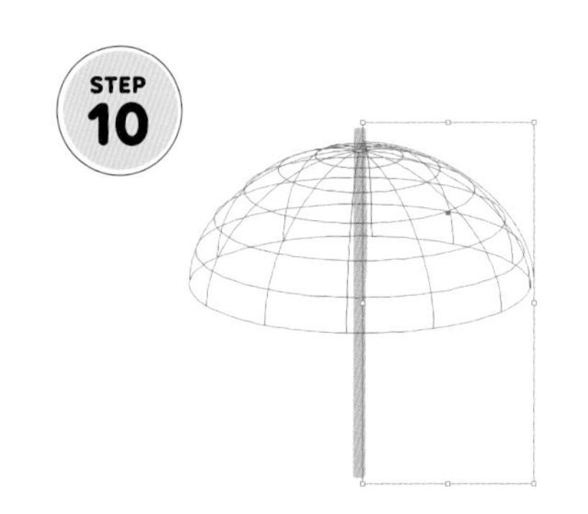

STEP 11 完成！

効果＞3D＞回転体

グループに適用。表面を「陰影なし」に。「マッピング」をクリック。

傘の面を選択

「アートをマップ」から「表面」を操作し、傘の部分が赤くなる面を選択。

シンボルをマッピング

「シンボル」から手順4で作成したものを選択。「面に合わせる」をクリック。

9 10 3D回転体オプション

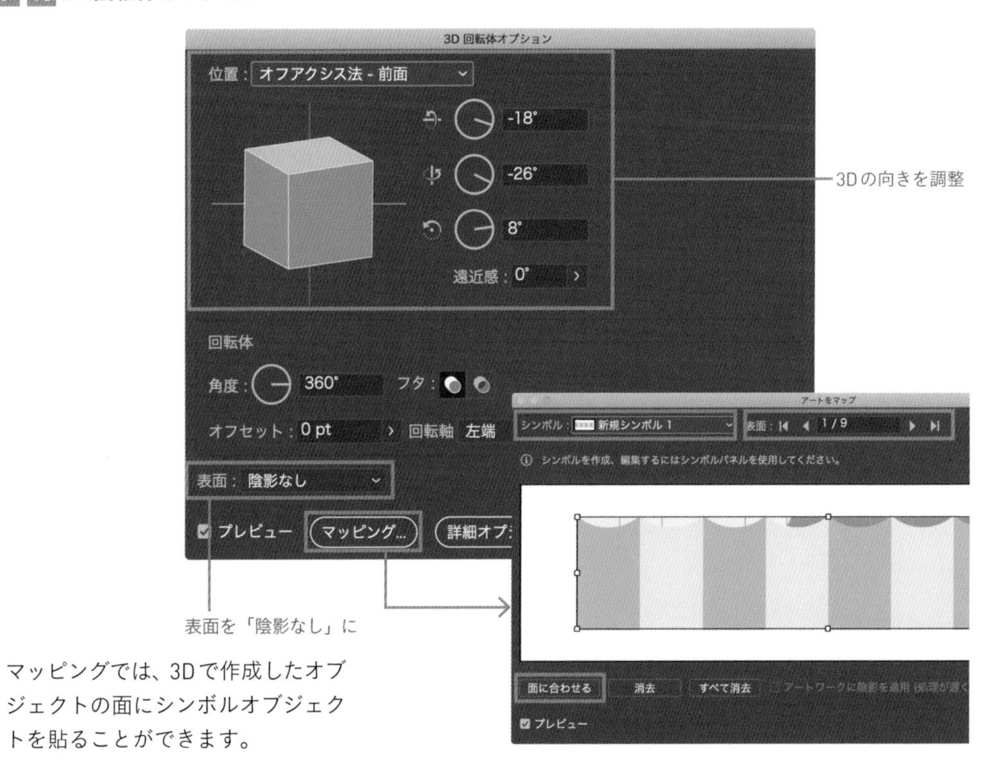

マッピングでは、3Dで作成したオブジェクトの面にシンボルオブジェクトを貼ることができます。

RECIPE
16

ブレンドでいろんな角度を量産できる！

3Dでコイン

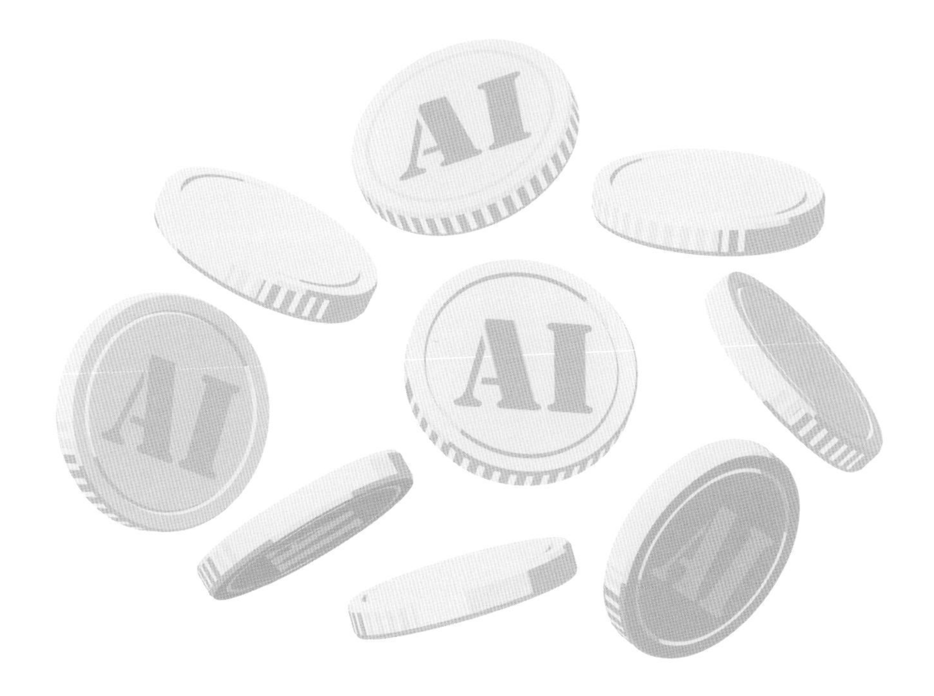

ここがポイント

複数オブジェクトの中間を自動作成する「ブレンド」は、じつは効果にも適用できます。

動画でも解説！

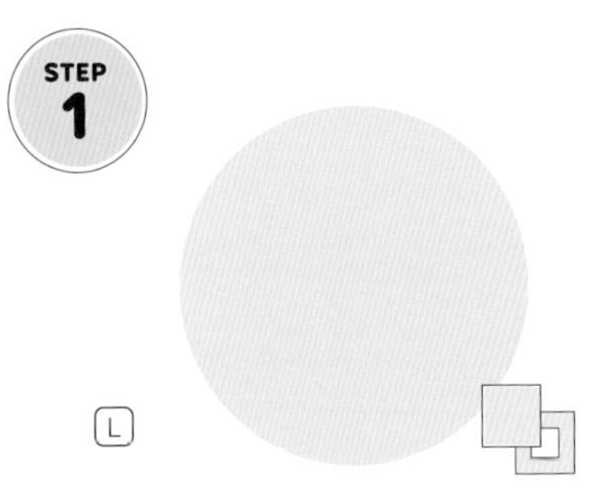

塗り線が黄色の正円を描く

直径100px程度の正円を描く。塗り線を黄色に、線幅は7px程度に。

効果＞3D＞押し出し・ベベル

3Dの角度を自由に設定し、押し出しの奥行きを12pt程度に。

ベベルを標準に、高さを1ptに

奥行きの下にあるベベル「なし」を「標準」に、高さを1ptに変更。

表面を陰影（艶消し）に

表面「陰影（艶あり）」を「陰影（艶消し）」に変更。

詳細オプションからライトを調整

詳細オプションからライトを左上に。新規ライトで光源を二重にする。

ブレンドの階調を3に、色を変更

ブレンドの階調を3に、陰影のカラーをカスタムにして色をオレンジに。

3D 押し出し・ベベルオプション

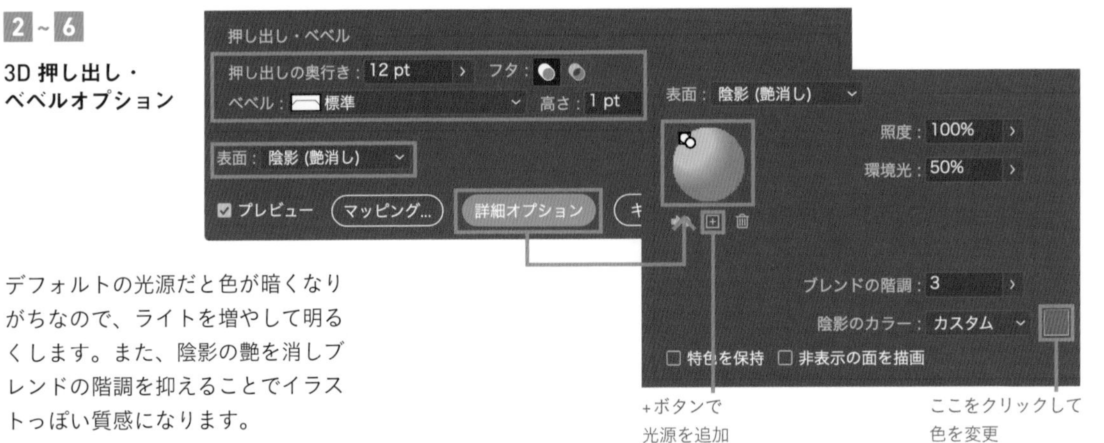

デフォルトの光源だと色が暗くなりがちなので、ライトを増やして明るくします。また、陰影の艶を消しブレンドの階調を抑えることでイラストっぽい質感になります。

刻印するロゴなどを用意

手順1の円より小さく、色は少し赤みを強く（上図の円は比較用）。

円直径約3倍の長さの線を描く

手順1の円と同じ色に。線幅は手順2の奥行きと同じ数値（12pt）に。

黄色い破線に変更

線パネルから破線にチェック。線分は4ptに。破線の先端に整列させる。

STEP
10

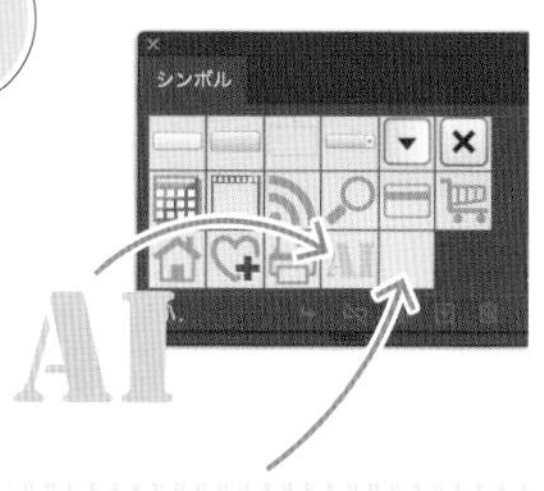

刻印と破線をシンボルに登録

手順7と9のオブジェクトを、別々にシンボルパネルへドラッグ。

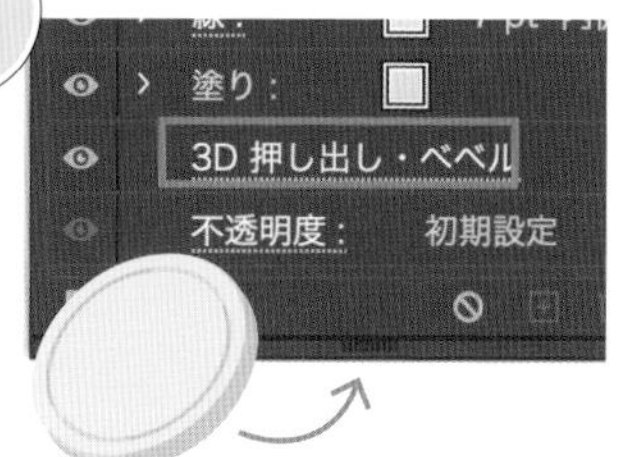

3D 押し出し・ベベルを編集

コインを選択し、アピアランスから3D 押し出し・ベベルをクリック。

STEP
12

刻印をマッピングする

「マッピング」を開き、シンボルから手順7の刻印を選択。

11 12 3D 押し出し・ベベルオプション

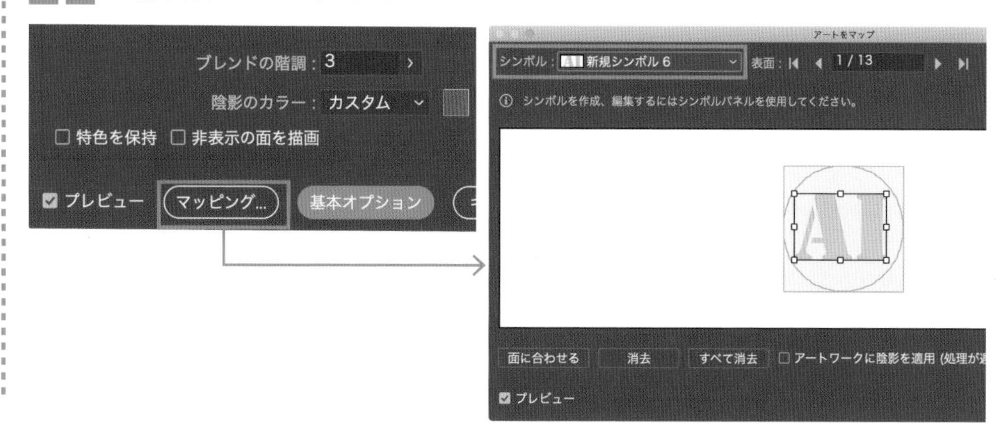

コインの側面を選択

「表面」を操作し、アートボード上のコイン側面に赤い線を表示。

破線を面に合わせる

手順9の破線のシンボルを配置し、「面に合わせる」をクリック。

コインをコピーし、3Dを回転

離れた位置にコピーし、片方の3D押し出し・ベベルを回転させる。

STEP 16 完成！

コイン2つをブレンドする

コイン2つを選択し、オブジェクト＞ブレンド＞作成 でコインが増える。

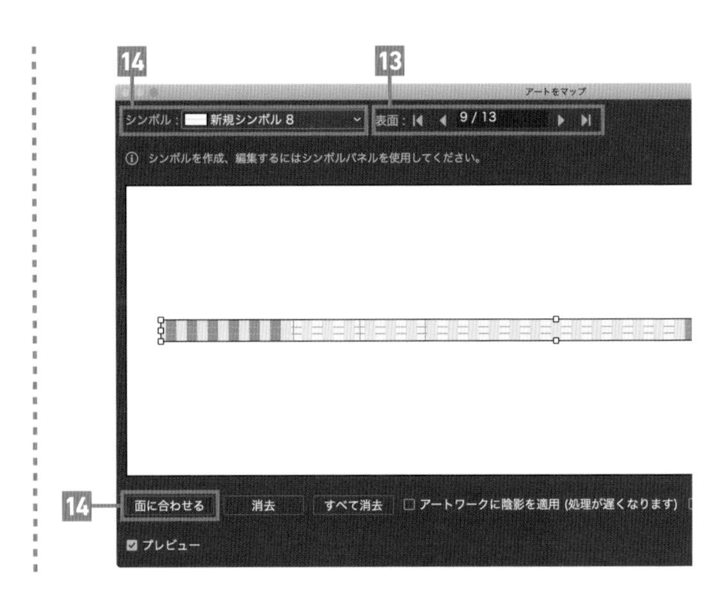

MEMO

ブレンドを分割するには

2つのコインの距離を離すと、ブレンドで増えるコインの数も増えます。また、ブレンドを普通のオブジェクトに変換するには以下の手順で分割しましょう。

・オブジェクト＞ブレンド＞拡張
・オブジェクト＞アピアランスを分割
・オブジェクト＞グループ解除

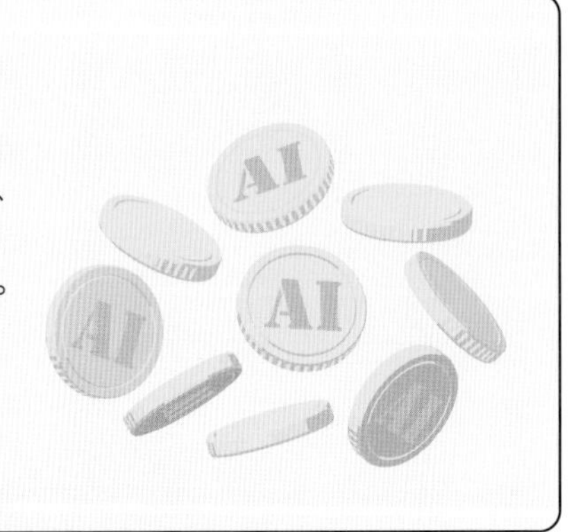

Chapter

2

和柄

和柄はデザイン素材としても人気ですが、規則的な構造が多いため、Illustratorの機能で効率的に描けるものが多いです。
この章ではロゴやパターンの作図に役立つツールやテクニックを中心に学ぶことができます。

RECIPE
17

正方形を2つ並べてパターン化！

市松（いちまつ）

ここがポイント

タイルサイズは登録オブジェクトの大きさと等しくなるのを利用して、かんたんに1つ飛ばしのパターンが作れます。

動画でも解説！

正方形を2つ並べる

長方形ツールで正方形を描き、横に接するようにコピーする。

パターン化

全選択し、オブジェクト＞パターン＞作成。

タイルの種類をレンガ（横）に

パターンオプションのタイルの種類を「レンガ（横）」に変更。

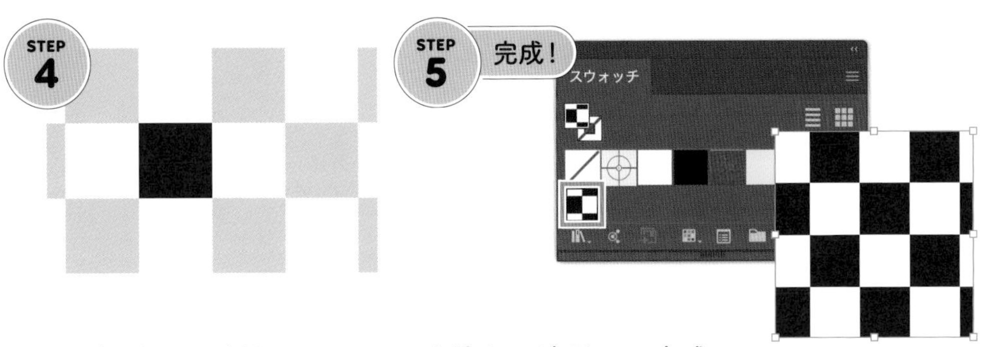

正方形を1つ削除

（※単色にする場合のみ）正方形を1つ削除。

塗りに適用して完成

escキーで元の画面に戻る。塗りにスウォッチを適用して完成。

3 パターンオプション

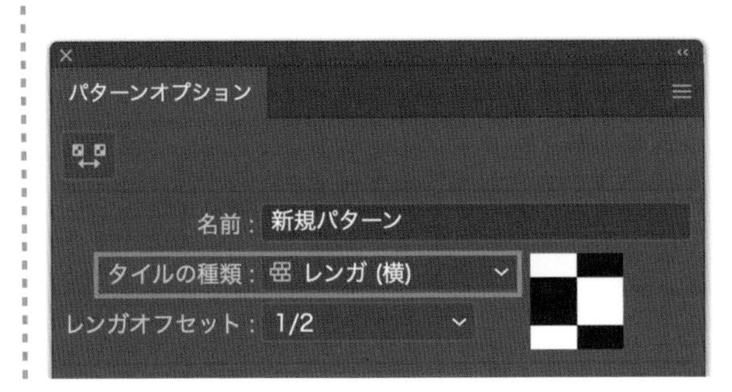

RECIPE
18

長方形を変形して
矢羽根ができる！

矢絣（やがすり）

ここがポイント

ダイレクト選択ツールは、複数のパスの一部だけを選択することができます。別々の場所を同時に変形させたい場合に便利です。

動画でも解説！

Shift Option(Alt) ドラッグ

縦長の長方形を2つ描く

細長い長方形を描き、少し隙間を空けて水平にコピー。

STEP 2

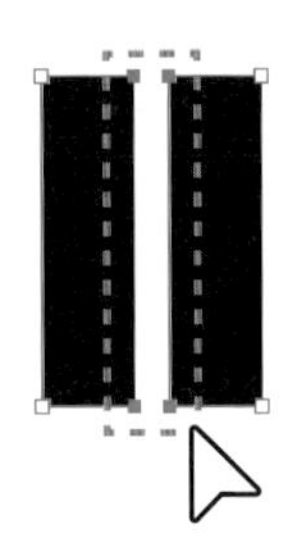

A

内側の直線を選択

ダイレクト選択ツールで内側の直線のみを選択。

STEP 3

選択した直線を下に移動

選択した直線を、Shiftを押しながら下にドラッグ。

M

隙間に長方形を描く

隙間にぴったりはまるよう、長方形を描く。

角が交差する位置に移動

長方形の底面と平行四辺形の内側の角が交差するよう移動させる。

STEP 6

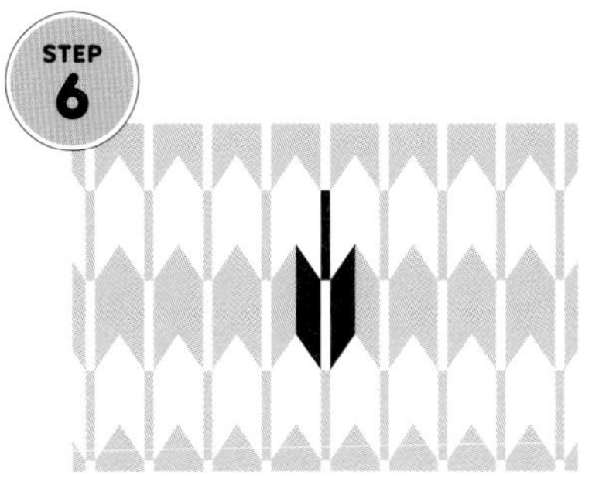

パターン化

全選択し、オブジェクト＞パターン＞作成。

STEP 7 完成！

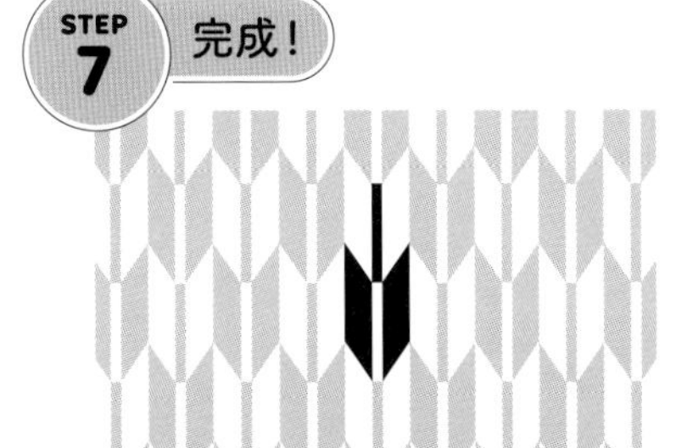

タイルの種類をレンガ（縦）に

パターンオプションのタイルの種類を「レンガ（縦）」に変更して完成。

MEMO

手順4〜5で長方形がぴったり収まらない時は、

- 表示＞スマートガイド がチェックされているか
- 表示＞ピクセルにスナップ のチェックが外れているか

を確認してみましょう。

RECIPE
19

ライブコーナーを使って30秒で作る

七宝(しっぽう)

ここがポイント

ライブコーナーは指定した角だけを変形することもできるので、七宝のパーツをよりかんたん・正確に描けます。

動画でも解説！

M

正方形を描く

長方形ツールでShiftを押しながらドラッグし、正方形を描く。

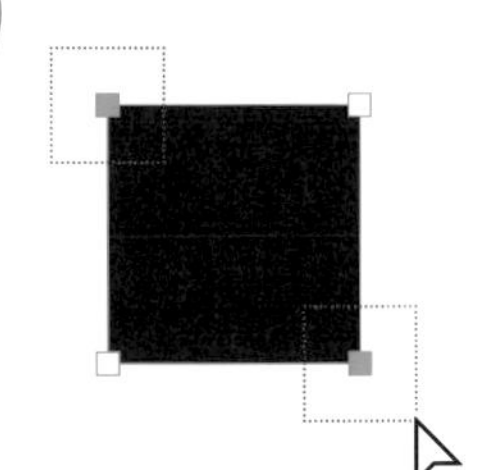

A

左上と右下のアンカーを選択

ダイレクト選択ツールで2点のみを選択。

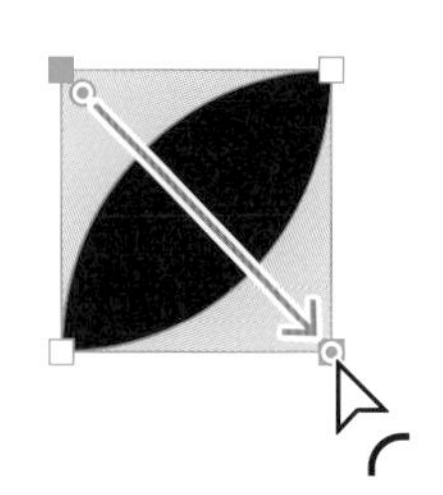

ライブコーナーで限界まで丸く

選択した角の丸印を、反対側の角までドラッグ。

O

リフレクトツールの基準を頂点に

選択した状態でリフレクトツールに切り替え、頂点アンカーをクリック。

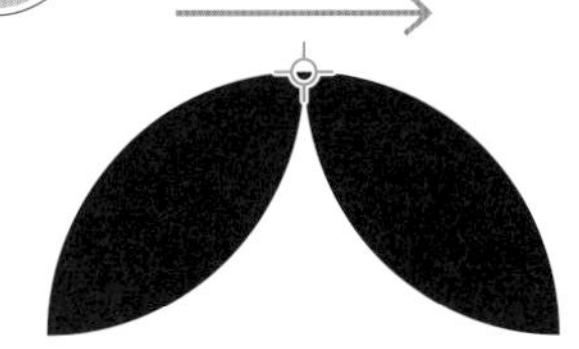

Shift　Option(Alt)　ドラッグ

右に反転コピー

Shift + Option を押しながら右にドラッグして反転コピー。

パターン化

全選択し、オブジェクト>パターン>作成。

完成!

タイルの種類をレンガ（横）に

パターンオプションのタイルの種類を「レンガ（横）」に変更して完成。

基準点を変更して変形するやり方

クリックで変形の基準点を変更

リフレクトツールや回転ツール、拡大・縮小ツールなどは、普通に使うとオブジェクトの中心を基準に変形します。

しかしオブジェクトを選択しツールを選んだ状態で任意の場所をクリックすると、そこを基準点として変形が適用されます。

拡大・縮小ツールでクリックして

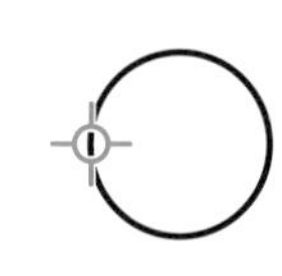

ドラッグする

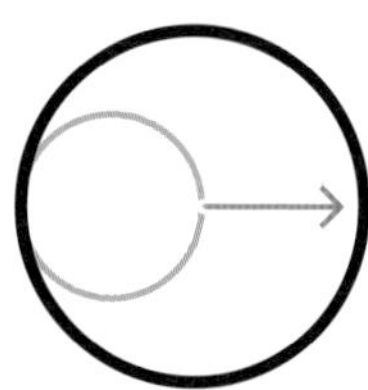

Option（Alt）+ドラッグで変形コピー

基準点を変更し、Option（Alt）キーを押しながらドラッグすることで、元のオブジェクトは残したままでオブジェクトを変形コピーすることができます。

リフレクトツールでクリックして

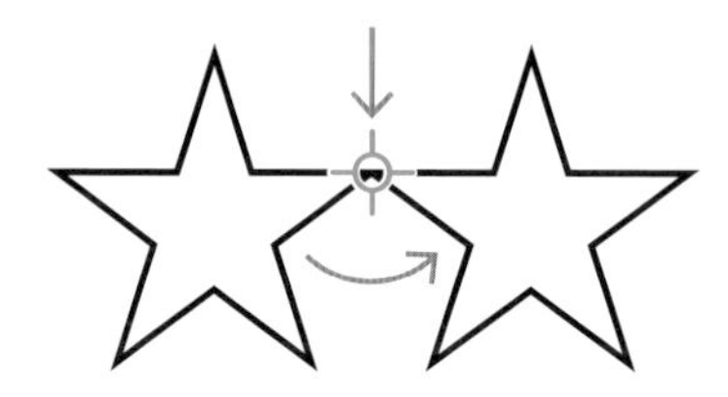

Option（Alt）ドラッグ

Option（Alt）+クリックで数値指定で変形（&コピー）

Option（Alt）キーを押しながらクリックすると、ダイアログが表示されます。数値を入力し「OK」を押すと、クリックした場所を基準点に入力した数値で変形が、また「コピー」を押すと変形コピーが適用されます。

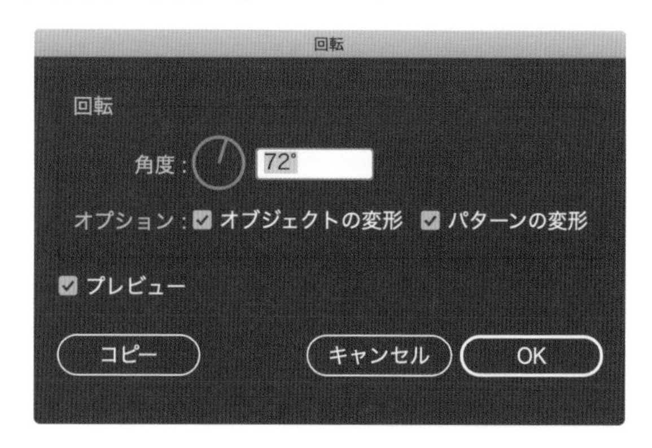

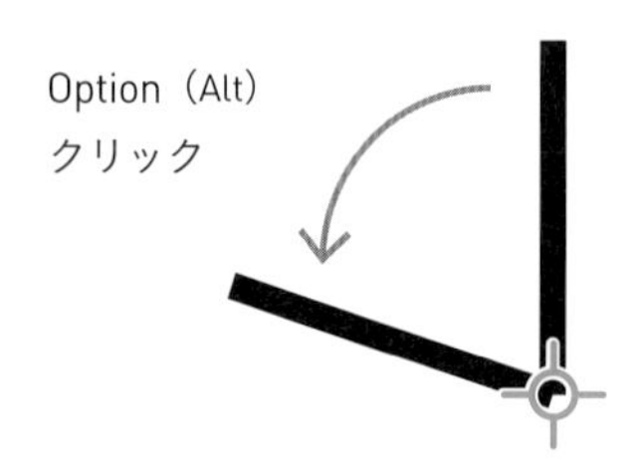

RECIPE
20

重なりを工夫してかんたんに作れる！

青海波（せいがいは）

ここがポイント

オブジェクトが重なり合うパターンは、「タイルサイズ」と「重なり」を調整して作成できます。

動画でも解説！

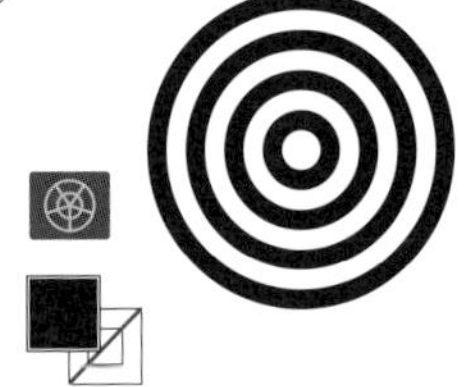

同心円グリッドツール

同心円の分割7、円弧の分割0、オプションを2つともチェック。

一回り小さく白い正円を描く

楕円形ツールで同心円より少しだけ小さい正円を描く。

STEP 3

正円を最背面へ移動

白い正円のみ選択し、オブジェクト＞重ね順＞最背面へ。

パターン化

全選択し、オブジェクト＞パターン＞作成。

タイルの種類をレンガ（横）に

パターンオプションのタイルの種類を「レンガ（横）」に変更。

タイルサイズの高さを1/4に

「縦横比を維持」を外し、高さの数値の末尾に「/4」と追記。

6 パターンオプション

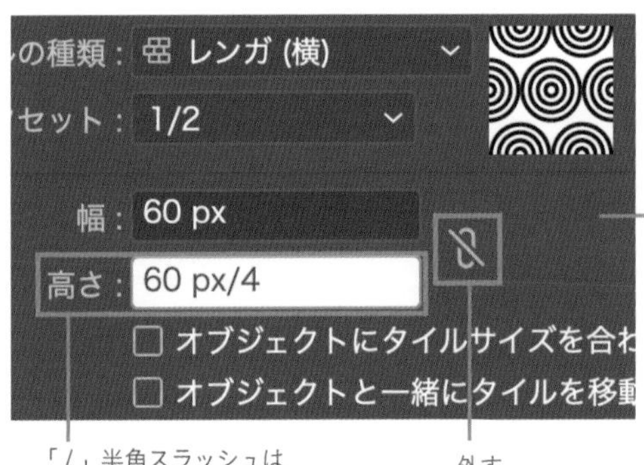

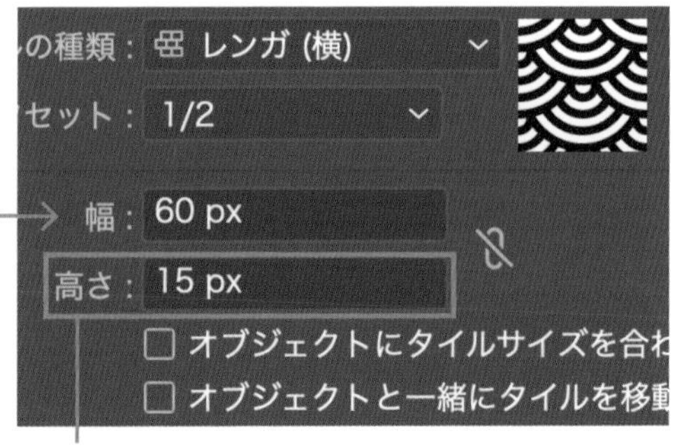

重なりを「下を前面へ」

パターンオプションの「重なり」を「下を前面へ」に変更して完成。

7 パターンオプション

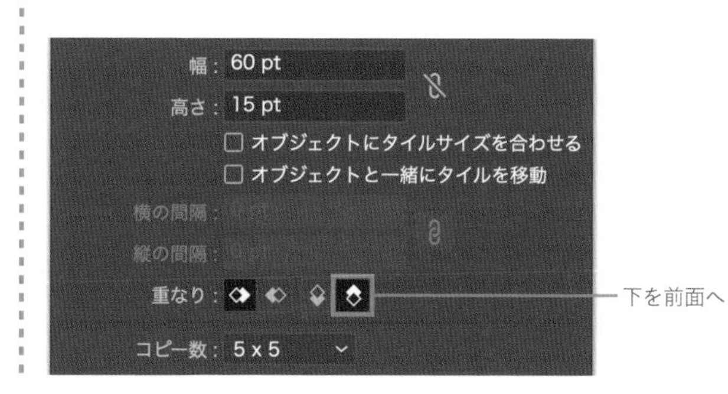

解説

数値の四則演算

数値入力欄では、下記の半角記号でたし算などのかんたんな計算ができます（ただし、複数の計算を同時にはおこなえません）。

- たし算　+　（プラス）
- ひき算　-　（マイナス）
- かけ算　*　（アスタリスク）
- わり算　/　（スラッシュ）

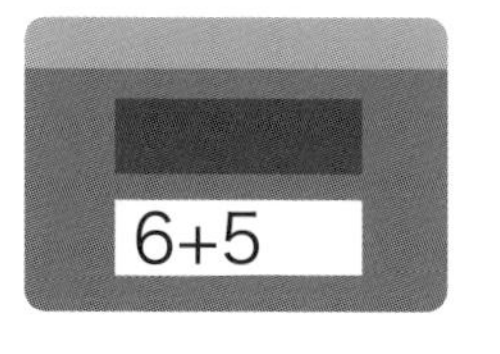

→

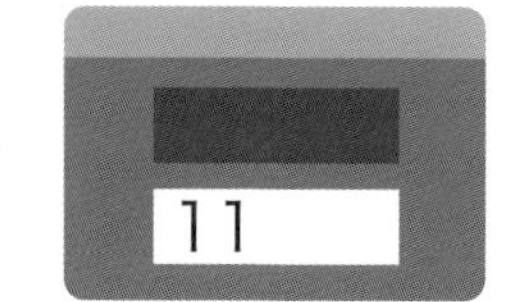

RECIPE
21

「グリッドに分割」で
あっという間に等分できる

三崩し（さんくずし）

ここがポイント

「グリッドに分割」を使えば、めんどうな計算なしで図形を指定した数に等分ができます。

動画でも解説！

正方形を描く
長方形ツールでShiftを押しながらドラッグし、正方形を描く。

グリッドに分割で4段に
オブジェクト＞パス＞グリッドに分割で行を4段に、余白を大きめに。

Shift Option(Alt) ドラッグ

横に移動コピー
Shift+Option（Alt）を押しながら横にドラッグしてコピーする。

片方を90度回転
コピーした方を選択し、90度回転させる。

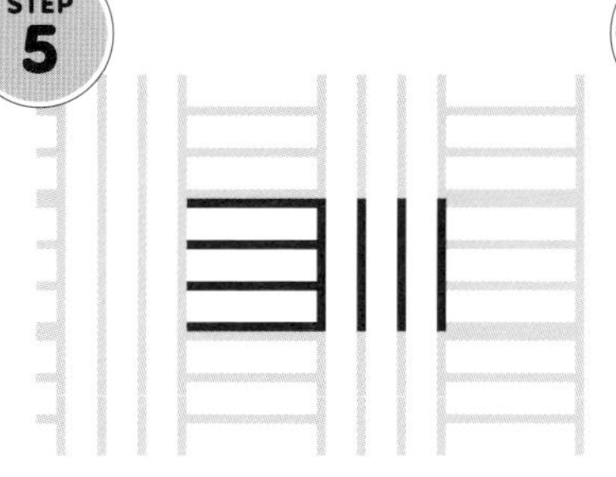

パターン化
全選択し、オブジェクト＞パターン＞作成。

覆うように長方形を描く
手順5のオブジェクトとぴったり重なるように、上に長方形を描く。

2 グリッドに分割

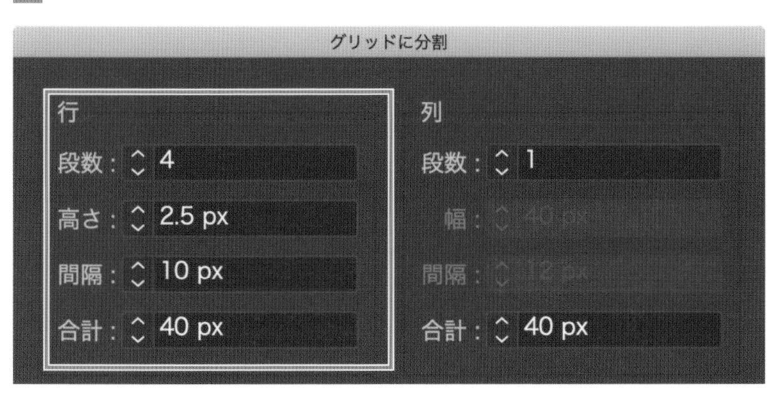

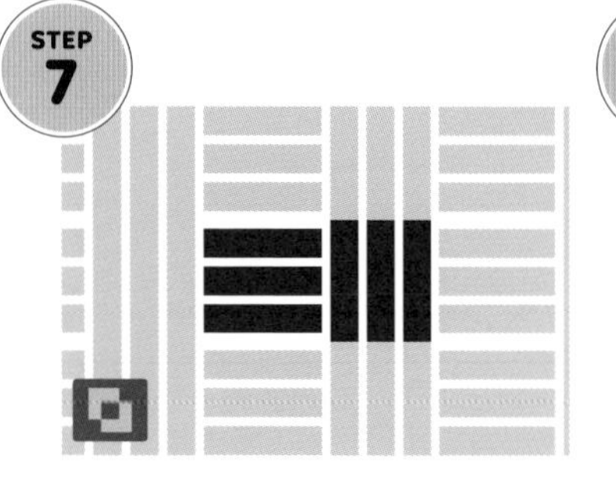

パスファインダー 中マド

全選択し、パスファインダー＞中マド で結合する。

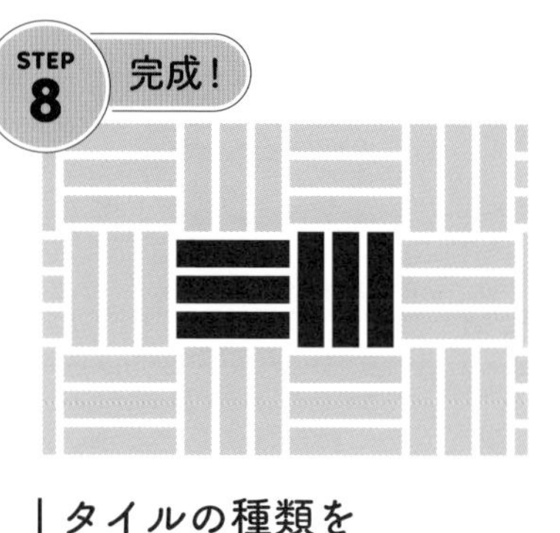

タイルの種類をレンガ（横）に

パターンオプションのタイルの種類を「レンガ（横）」に変更して完成。

解説

「グリッドに分割」の使い方

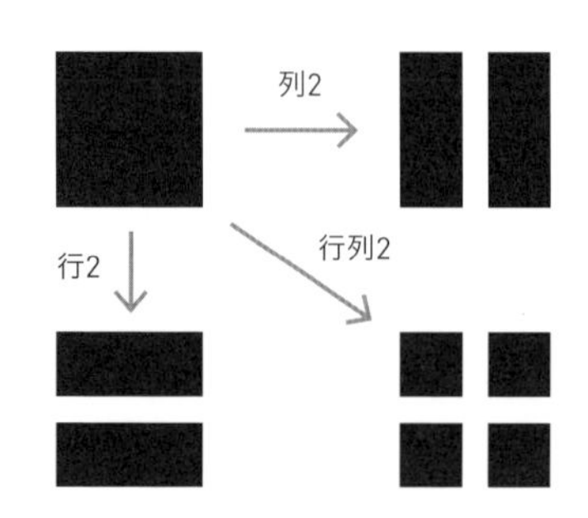

グリッドに分割はオブジェクトを指定した段数と余白の長方形に分割する機能です。「この範囲を均等な3つのエリアに分けたい」といったレイアウトの役にも立ちます。

行と列の見分け方

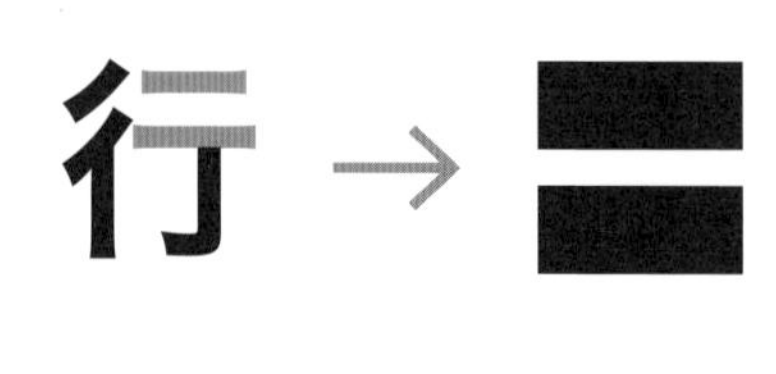

行と列の区別が覚えられない場合は、それぞれの漢字に含まれている、2本の線の向きと分割する方向が対応していると覚えましょう。

RECIPE
22

線を回転させるだけでできる！？

麻の葉（あさのは）

ここがポイント

回転ツールを使えば、オブジェクトを指定した
数値で正確に回転コピーすることができます。

動画でも解説！

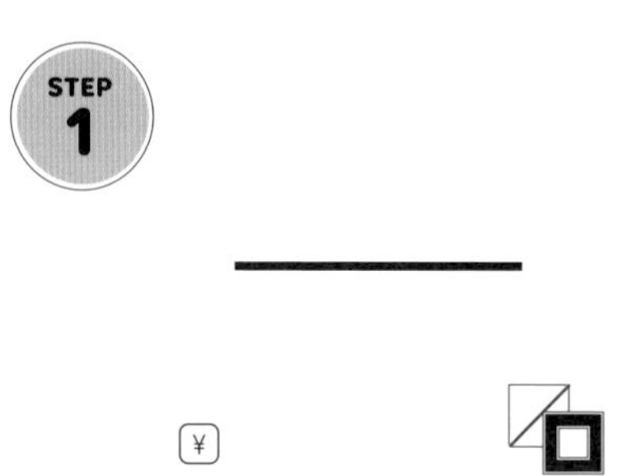

水平線を描く

Shiftを押しながら直線ツールで水平線を描く。

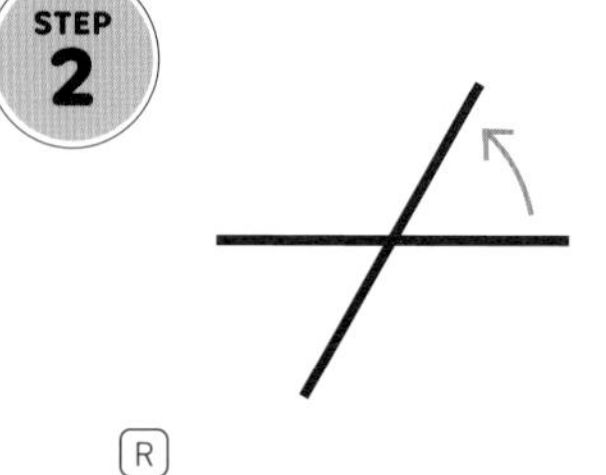

回転ツールで60度回転コピー

回転ツールでReturn（Enter）を押し、60度と入力して「コピー」を押す。

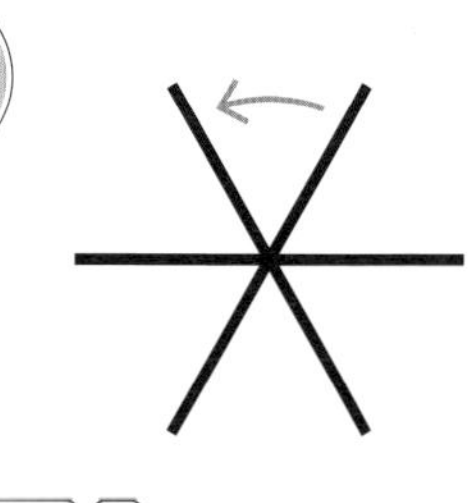

変形の繰り返し

コピーした直線を選択したまま、オブジェクト＞変形＞変形の繰り返し。

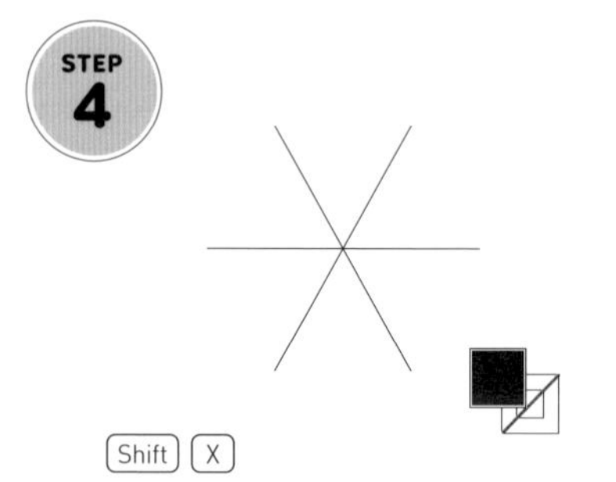

塗り線を入れ替え

全選択し、塗りと線を入れ替え。

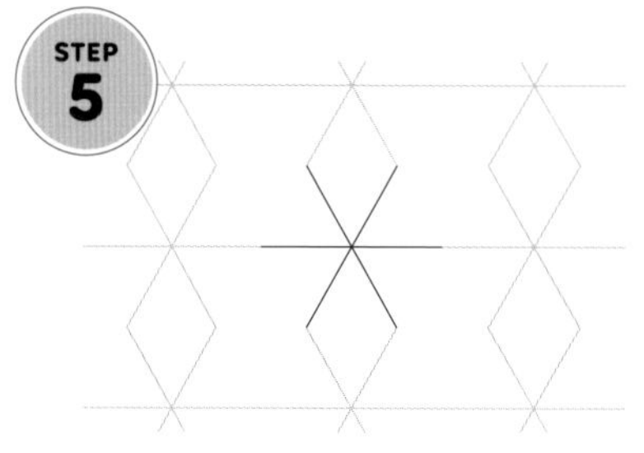

パターン化

全選択し、オブジェクト＞パターン＞作成。

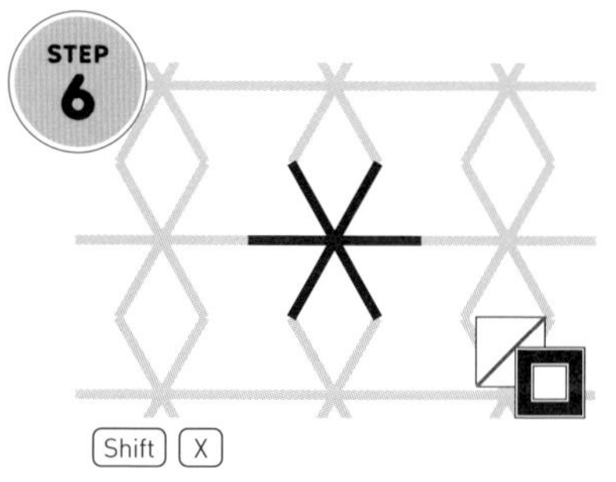

塗り線を入れ替え、線を太く

全選択し、塗りと線を入れ替え。線幅を好みで調整する。

2 回転

回転ツールやリフレクトツールなどのオブジェクトを変形するツールは、Return（Enter）キーでオプションを表示できます。数値指定で回転させることができます。

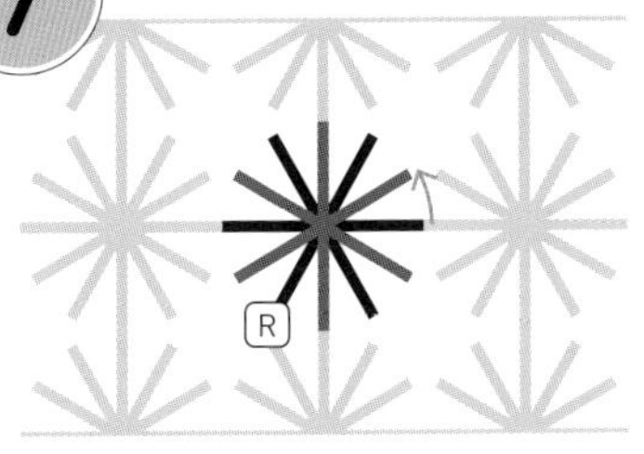

全選択し、30度回転コピー

全選択し、回転ツールでReturn(Enter)。30度回転コピーする。

タイルの種類を六角形（縦）に

パターンオプションのタイルの種類を「六角形（縦）」に変更。

解剖！ 麻の葉レシピ

麻の葉文様を観察すると、きれいに六角形に収まる形状なのがわかります。

手順3の段階で6本の直線すべてを描いてしまうと、右図のように3本が六角形の枠からはみ出してしまいます。そのため、まずは六角形と同じサイズになる3本を先に描いてパターン化しています。

また、手順4で一度塗り線を入れ替えたのは、線のままパターン化した場合、線幅の分だけわずかにタイルサイズが大きくなってしまい、線と線が噛み合わなくなるためです。

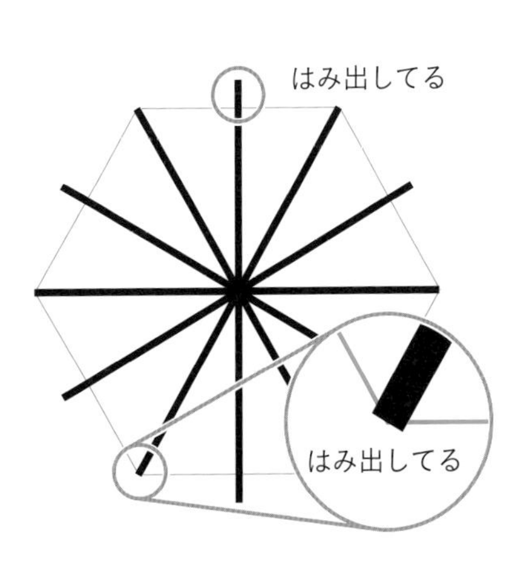

タイルは全部で5種類

登録したオブジェクトをタイルの中に入れ、そのタイルを一定の並べ方で隙間なく敷き詰めるのが「パターン」です。タイルの種類は5種類あり、基準となるオブジェクトの、縦横の動き方に違いがあります。

グリッド

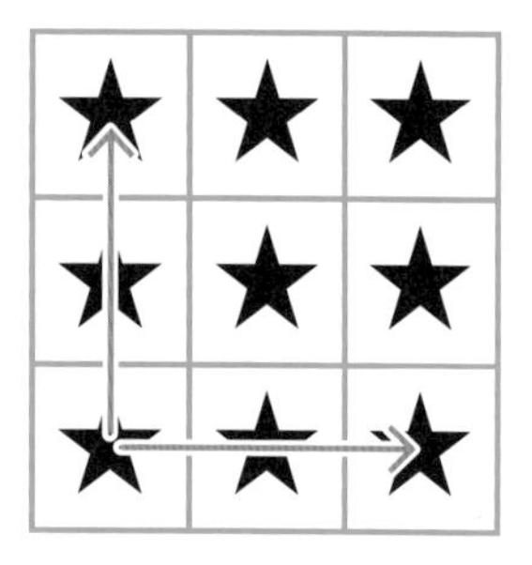

長方形が縦横それぞれ真っ直ぐに移動。

レンガ（横）

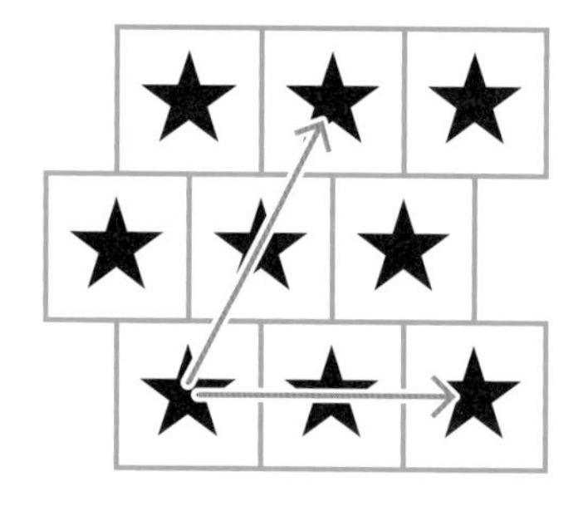

長方形が横は真っ直ぐ、縦は斜めに移動。

レンガ（縦）

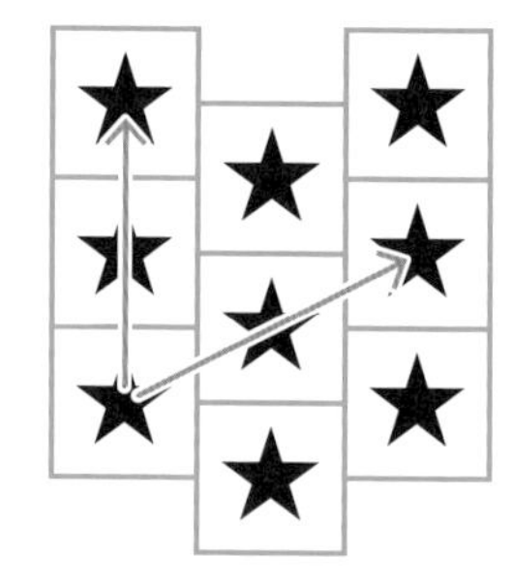

長方形が縦は真っ直ぐ、横は斜めに移動。

六角形（縦）

六角形が縦は真っ直ぐ、横は斜めに移動。

六角形（横）

六角形が横は真っ直ぐ、縦は斜めに移動。

レンガ（横）（縦）はデフォルトではタイルの1/2ずつ横にずれて移動しますが、「タイルの種類」の下にある「タイルオフセット」で、1/3など別の比率にも変更できます。
余談ですが、レンガ（横）のタイルサイズを3/4に縮小すると六角形（横）と同じパターンになります。基本的にはグリッドかレンガで、六角形がぴっちり敷き詰められている時だけ六角形を使うくらいの認識で大丈夫です。

RECIPE
23

正方形をがんがん加工！

千鳥格子（ちどりごうし）

ここがポイント

グリッドに分割、シアー、リフレクトツールとさまざまなツールを使いこなす必要があるので、作図の練習にもってこいです。

動画でも解説！

M

正方形を描く

長方形ツールでShiftを押しながらドラッグし、正方形を描く。

STEP
2

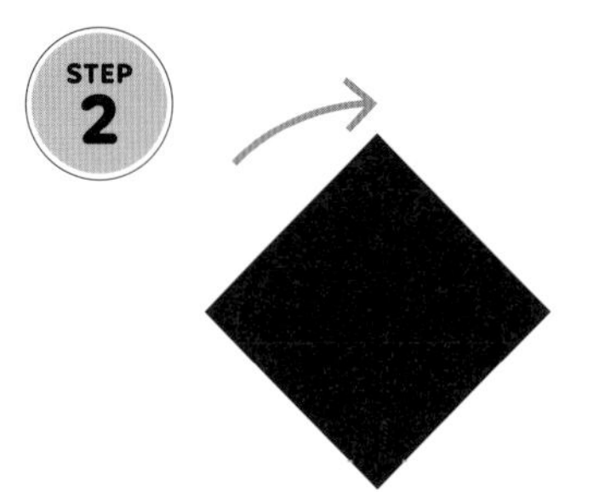

45度回転

Shiftを押しながらドラッグし、45度回転。

STEP
3

パターン化

選択し、オブジェクト＞パターン＞作成。

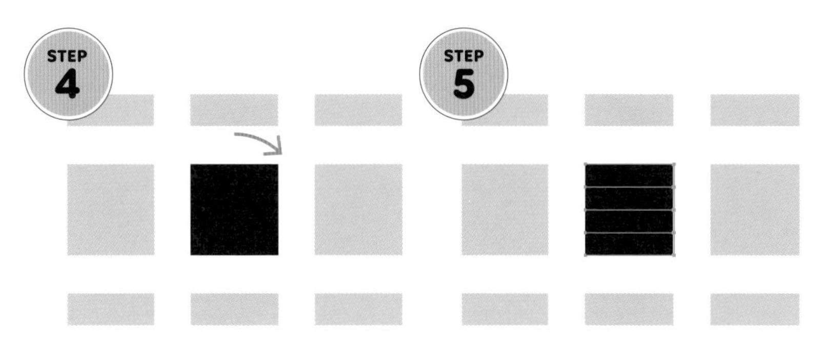

45度回転

45度回転し、元の状態に戻す。

グリッドに分割で4段に

オブジェクト＞パス＞グリッドに分割で行を4段に、間隔は0に。

5 グリッドに分割

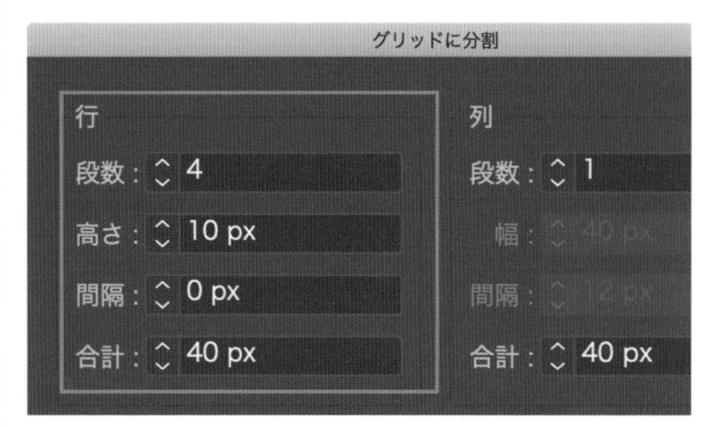

シアーで45度変形

全選択し、変形パネルのシアーに45と入力。Enter（Return）で確定。

オブジェクトを1つおきに削除

4分割したオブジェクトを、1つおきに削除。

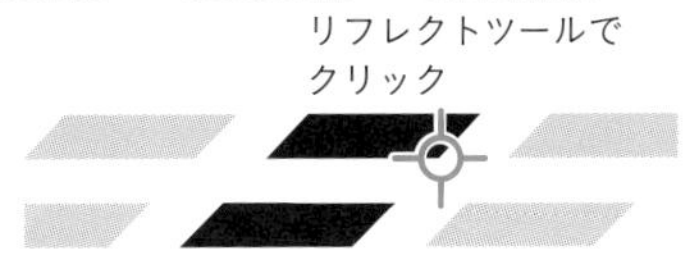

リフレクトツールで基準点を変更

全選択し、リフレクトツールに切り替え。内側の角をクリック。

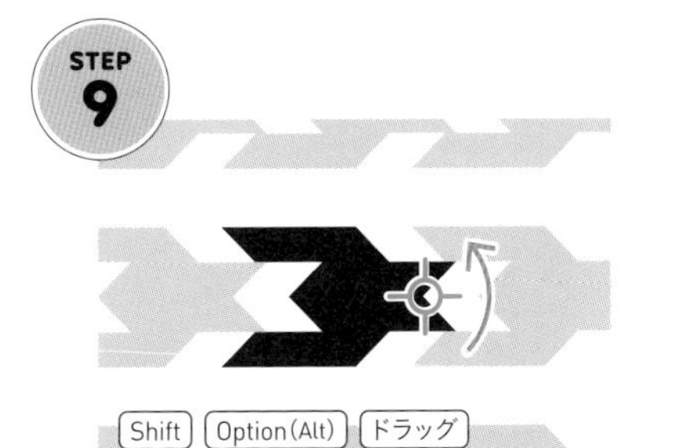

内側の角を基準に反転コピー

Shift + Option（Alt）を押しながら上にドラッグ。反転コピーする。

45度回転

全選択し、Shiftを押しながら45度回転して完成。

6 変形パネル

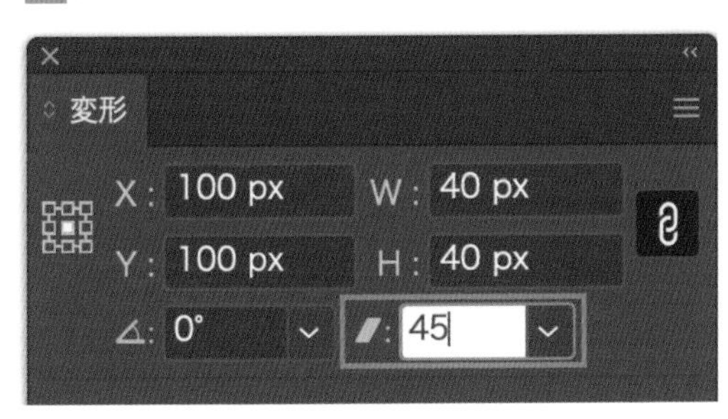

シアーの枠は挙動が少し特殊です。数値を入力してReturn（Enter）キーで確定したらオブジェクトが変形し、枠の中の数値は0に戻ります。

RECIPE
24

だれでも正確に描ける！

亀甲網代（きっこうあじろ）

ここがポイント

六角形に「グリッドに分割」を適用すると、その縦横比を維持したまま等分された長方形を描くことができます。

STEP 1

六角形を描く

多角形ツールでShiftを押しながらドラッグし、六角形を描く。

STEP 2

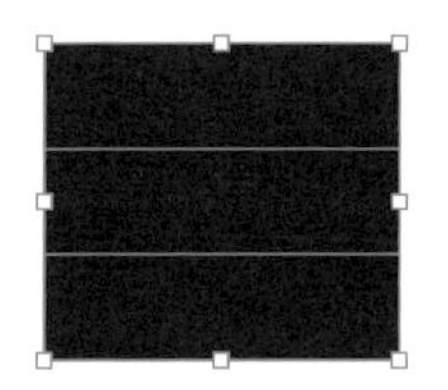

グリッドに分割で行を3段に

オブジェクト＞パス＞グリッドに分割 で行を3段に、余白を0に。

STEP 3

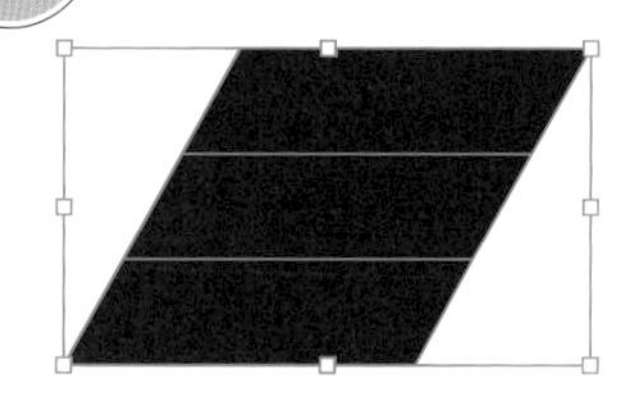

シアーで30度変形

全選択し、変形パネルからシアーに30度を入力。

STEP 4

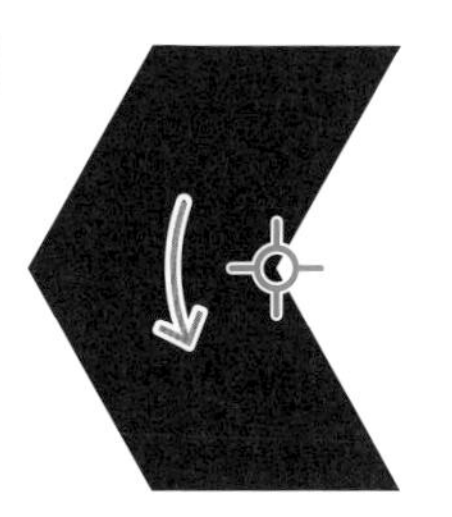

R

右下を基準に120度回転コピー

回転ツールで右下をOption（Alt）クリック。120度回転コピー。

STEP 5

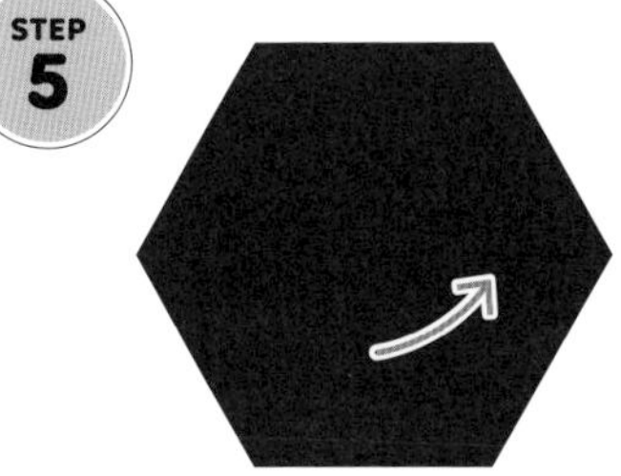

⌘(Ctrl) D

変形の繰り返し

オブジェクト＞変形＞変形の繰り返し。

STEP 6

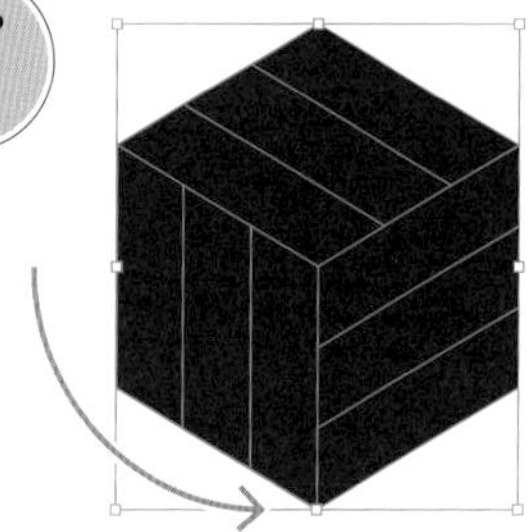

90度回転

全選択し、90度回転させる。

STEP 7

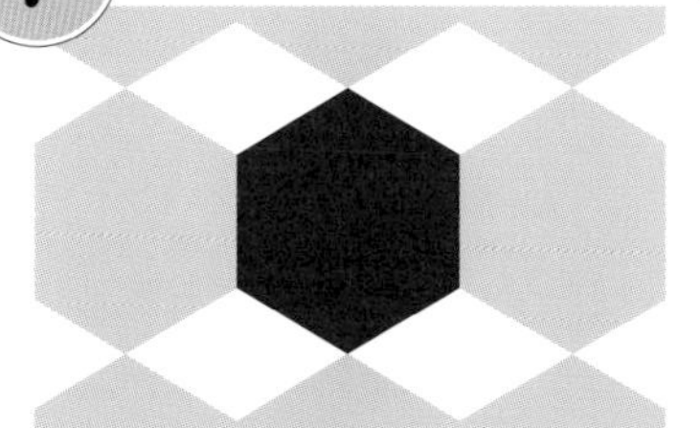

パターン化

全選択し、オブジェクト＞パターン＞作成。

STEP 8

タイルの種類を六角形（横）に

パターンオプションのタイルの種類を「六角形（縦）」に変更。

STEP 9

効果＞パス＞パスのオフセット

マイナスに少し適用して完成。

RECIPE
25

互い違いの模様が作れる！

籠目（かごめ）

ここがポイント

三角形を分割し「個別に変形」を使うことで、正確にパターンの基礎を作成できます。

動画でも解説！

多角形ツールで三角形を描く

ドラッグ中に下キーで角数を調整。Shiftを押しながらドラッグを終了。

STEP 2

はさみツールを選択

消しゴムツールを長押しし、はさみツールを選択。

STEP 3

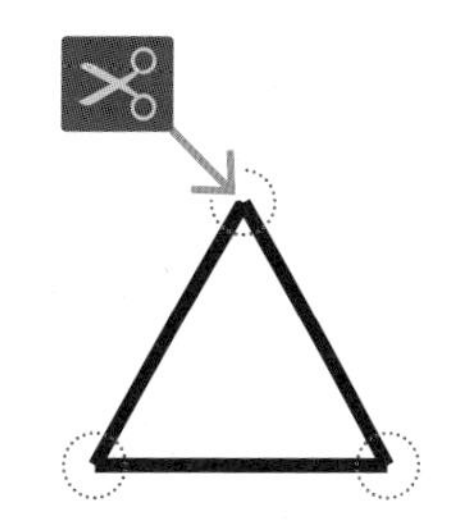

はさみツールで3つの角を分割

はさみツールでアンカーをクリックして切断。3本の直線の状態に。

STEP 4

個別に変形で200%に拡大

オブジェクト＞変形＞個別に変形で拡大・縮小を水平垂直とも200％に。

STEP 5

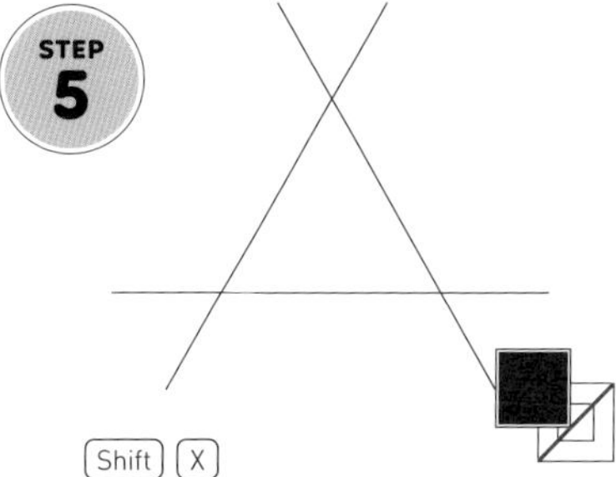

塗りと線を入れ替え

塗りのみの状態にする。

STEP 6

パターン化

全選択し、オブジェクト＞パターン＞作成。

STEP 7

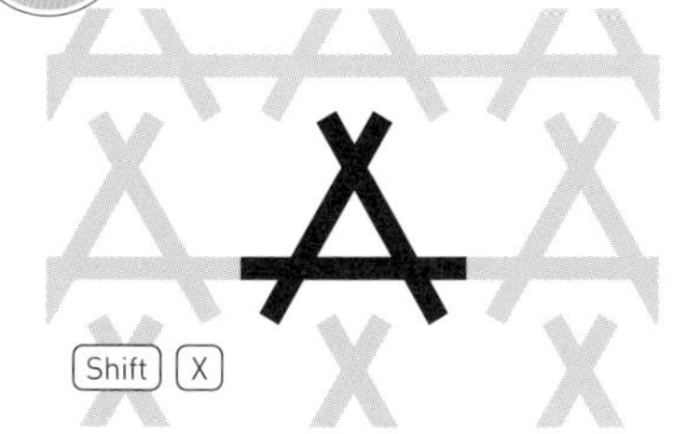

塗り線を入れ替え、太くする

全選択し、塗りと線を入れ替えてから線幅を太くする。

4 個別に変形

個別に変形

拡大・縮小
水平方向： 200%
垂直方向： 200%

移動
水平方向： 0 px
垂直方向： 0 px

STEP 8

Option(Alt) ⌘(Ctrl) /

アピアランスで新規線を追加

全選択し、アピアランスパネルで新規線を追加。

STEP 9

色を白に、線幅を少し細く

上の線の色を白に、線幅を少し細くする。

STEP 10

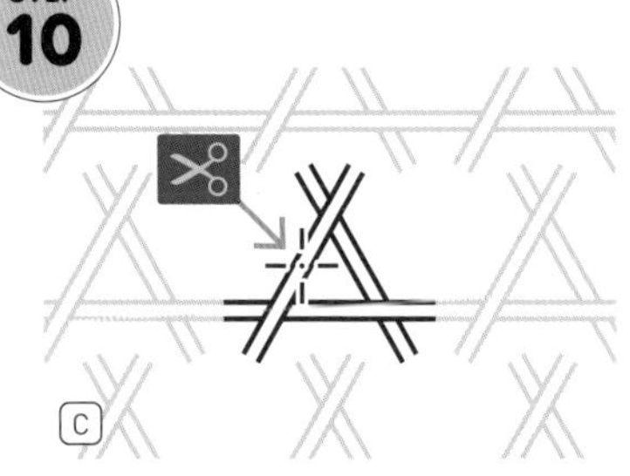

一番上の線をはさみで切る

一番上にある直線の中心付近を、はさみツールでクリックして分割。

STEP 11

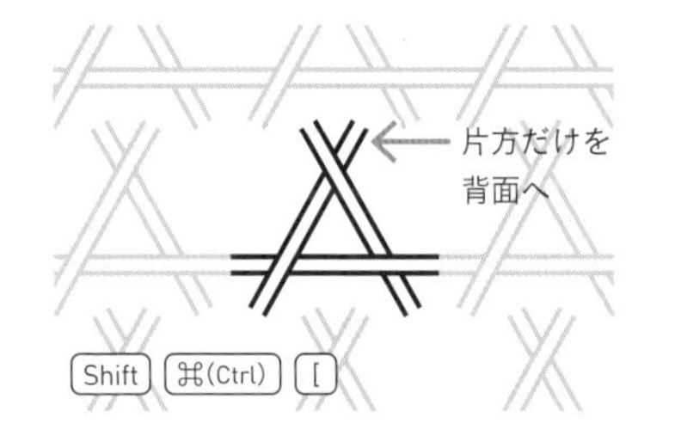

片方を背面へ移動

カットした直線の片方を選択し、オブジェクト＞重ね順＞最背面へ。

STEP 12 完成！

タイルの種類をレンガ（横）に

パターンオプションのタイルの種類を「レンガ（横）」に変更して完成。

MEMO

パターン編集モードで使用したアピアランスは、編集を終了した時点ですべてアピアランスを分割されてしまいます。手順9から12までは編集モードを終了しないでください。

解説

個別に変形

複数のオブジェクトをただ拡大すると、すべて1かたまりとして変形が適用され、距離感などは元のままです。いっぽう、「個別に変形」を使用すれば、オブジェクトそれぞれ別に変形が適用されます。

今回は元の三角形の位置関係はそのまま線を引きたいため、「個別に変形」を使用しました。

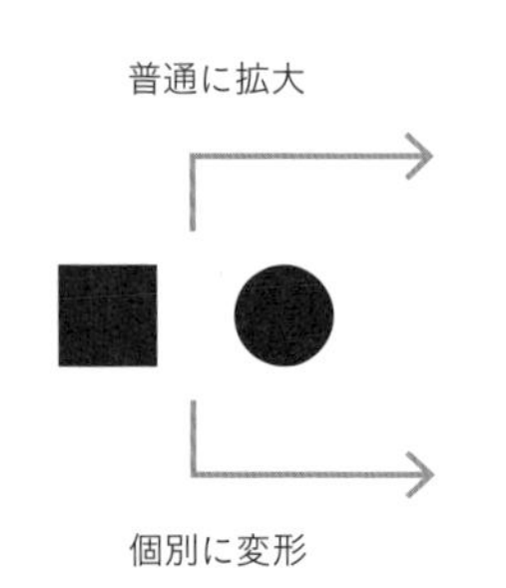

オブジェクト同士の距離感などは維持。

元の位置でそれぞれ拡大。

RECIPE
26

ゆがみやズレなく美しく！
線から作る

花菱（はなびし）

ここがポイント

正円と直線をシームレスにつなげたい場合は、
丸型線端の線を使うとうまくいくケースが多
いです。

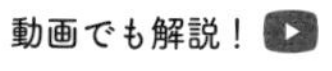

M

正方形を描く

長方形ツールでShiftを押しながらドラッグし、正方形を描く。

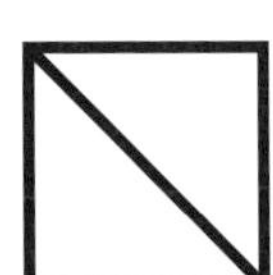

¥

左上から対角線を描く

直線ツールでShiftを押しながらドラッグし、対角線を描く。

正方形の左と上のパスを削除

ダブルクリックでグループ編集モードにすると楽です。

線幅を正方形の1.5倍に

全選択し、線幅を正方形の幅の1.5倍の数値にする。

STEP 5

線端を丸型線端に

線パネルから線端を丸型線端に変更。

STEP 6

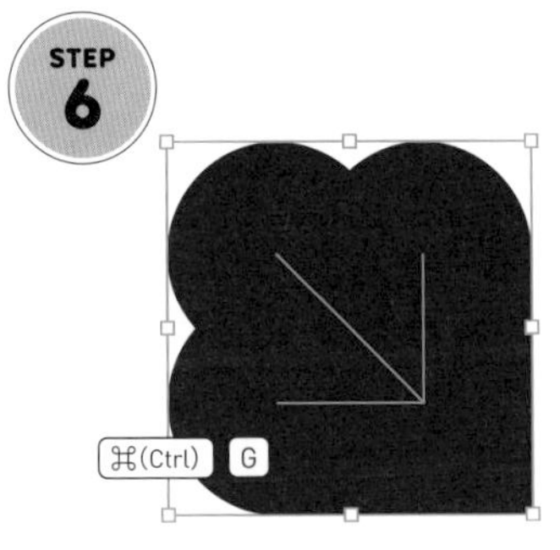

グループ化

全選択し、グループ化する。

STEP 7

効果＞パスの変形＞変形

90度回転、基準点は右下に、コピーは3に、垂直に少し移動。

7 変形効果

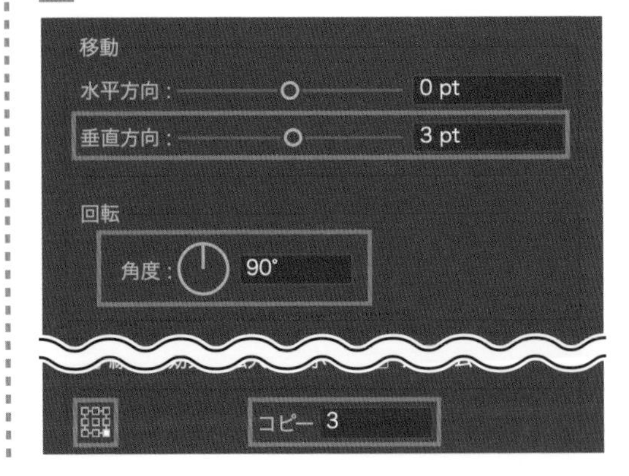

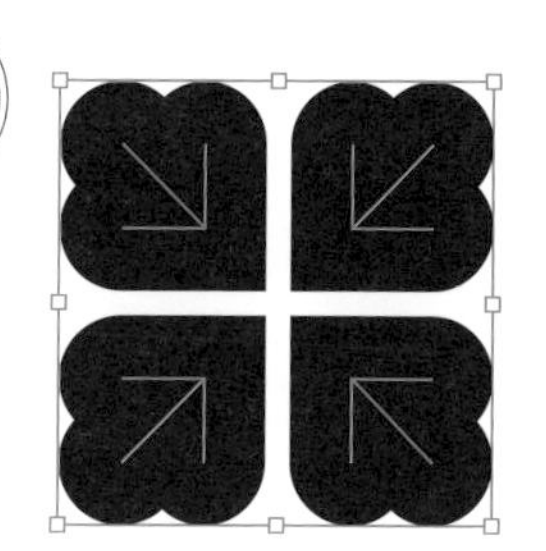

アピアランスを分割

オブジェクト＞アピアランスを分割。

STEP 9

45度回転

Shiftを押しながらドラッグし、45度回転。

STEP 10

S

拡大・縮小ツールで垂直に75%

ツールを選びReturn（Enter）。線幅と〜拡大・縮小にチェックして縮小。

STEP 11

¥

白い水平線を描く

中心から水平線を描く。色は白に、線端は丸型線端に。

STEP 12

R

水平線を90度回転コピー

水平線を選択し、回転ツールで90度回転コピー。

STEP 13

S

拡大・縮小ツールで垂直に75%

ツールを選びReturn（Enter）。線幅〜拡大・縮小 は外して線を縮小。

10 拡大・縮小

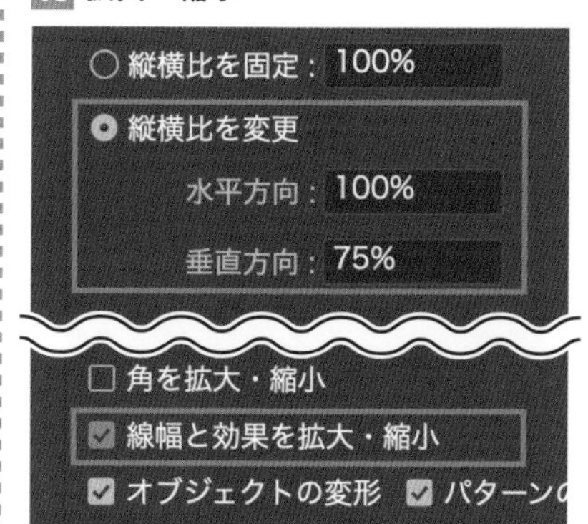

拡大・縮小ツールを選択した状態でReturn（Enter）キーを押すと表示されます。
手順10と13は、「線幅と効果を拡大・縮小」へのチェックの有無が異なるので注意。

中心に正円を描く

白い線と黒い塗りの正円を中心に描く。

パスのアウトライン

全選択し、オブジェクト＞パス＞パスのアウトライン。

合流し、白い塗りを削除

パスファインダー＞合流 し、結合された白い塗りのオブジェクトを削除。

パターン化

全選択し、オブジェクト＞パターン＞作成。

タイルの種類をレンガ（横）に

パターンオプションのタイルの種類を「レンガ（横）」に変更。

タイルサイズの高さを1/2に

タイルサイズの「縦横比を維持」を外し、高さの末尾に「/2」と追記。

余白を空ける

タイルサイズの「縦横比を維持」をオンにし、数値を少し増やして完成。

パスファインダー 合流

色別にオブジェクトを統合・分割する機能です。複雑なパスをすっきりさせたい時に便利です。

RECIPE
27

間隔や太さは均一のまま
バリエーションもかんたん

工霞（えがすみ）

ここがポイント

- 正方形を大量に並べたいときは「グリッドに分割」を使うとかんたんです。

動画でも解説！

大きめの正方形を描く

長方形ツールでShiftを押しながらドラッグし、正方形を描く。

STEP 2

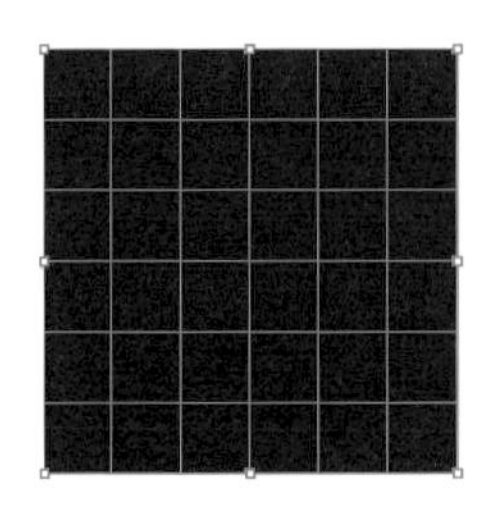

グリッドに分割

オブジェクト＞パス＞グリッドに分割で、行と列に同じ数を入力。

STEP 3

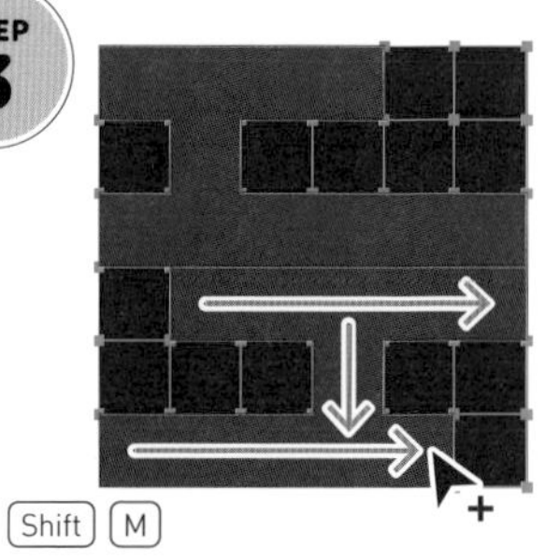

シェイプ形成ツールで結合

シェイプ形成ツールでエの字を書くようにドラッグする。

STEP 4

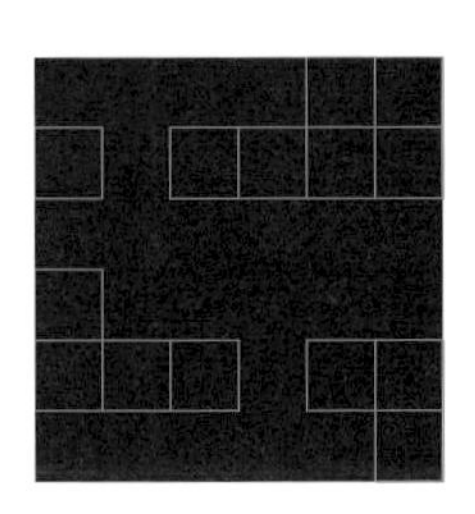

オブジェクトを一括選択

正方形を1つ選択し、選択＞オブジェクトを一括選択。

STEP 5

選択したオブジェクトを削除

正方形をすべて削除。

STEP 6 完成！

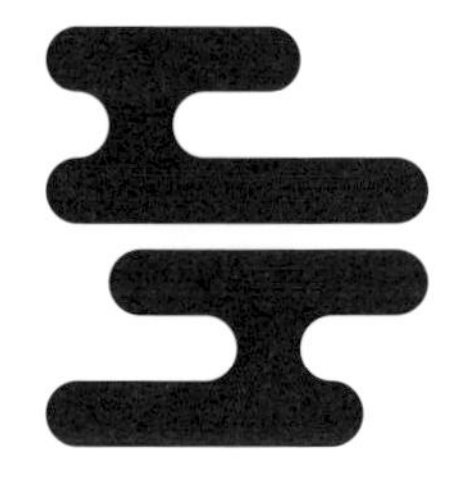

ライブコーナーで角を丸く

全選択し、ライブコーナーで角を丸くして完成。

2 グリッドに分割

段数の数値を変更すると、間隔の数値が自動的に調整される場合があります。段数を変更した後で、両方の間隔を0にするのを忘れずに。

RECIPE
28

線で作れば後の調整もかんたん！

梅の花

ここがポイント

線端や矢印など線の機能を活用することで、
後から微調整がかんたんにできるイラストを
作成できます。

¥

垂直線を描く

Shiftを押しながら直線ツールで垂直線を描く。

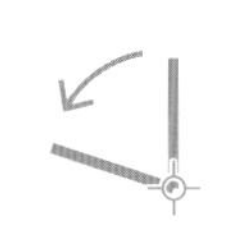

Option(Alt) クリック

R

回転ツールで72度回転コピー

回転ツールで下端をOption（Alt）クリック。72度回転し「コピー」を押す。

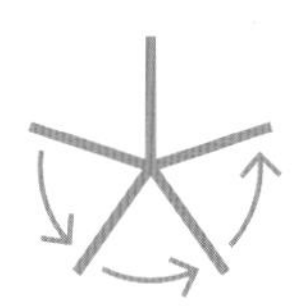

⌘(Ctrl) D

変形の繰り返し

コピーした直線を選択したまま、変形の繰り返しを3回。

線端を丸型線端に

線パネルから線端を丸型線端に変更。

STEP 5

線を太くする

線パネルから線幅を太くし、花弁の形状を調整。

STEP 6

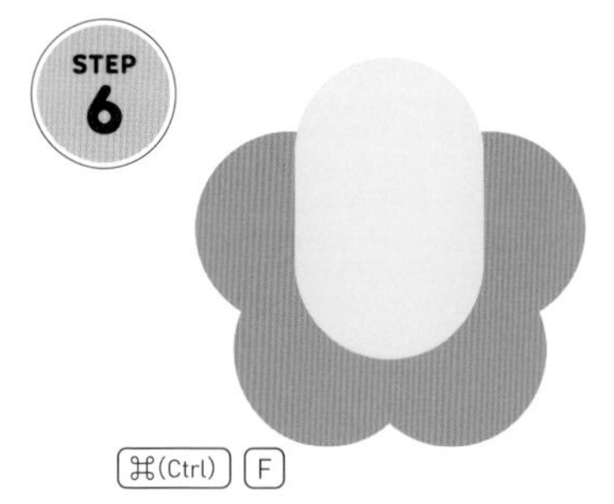

⌘(Ctrl) F

線を1本コピーして黄色に

垂直線をコピーし、前面にペースト。色を黄色に変更。

4 5 線パネル

線を細く、線端なしに

線パネルから線幅を細く、線端を線端なしに変更。

線の矢印を「矢印21」に

線パネルの矢印から「矢印 21」を選択。

効果 変形 で回転コピー

効果＞パスの変形＞変形を角度30度、基準点は下中央、コピー11に。

7 8 線パネル

9 変形効果

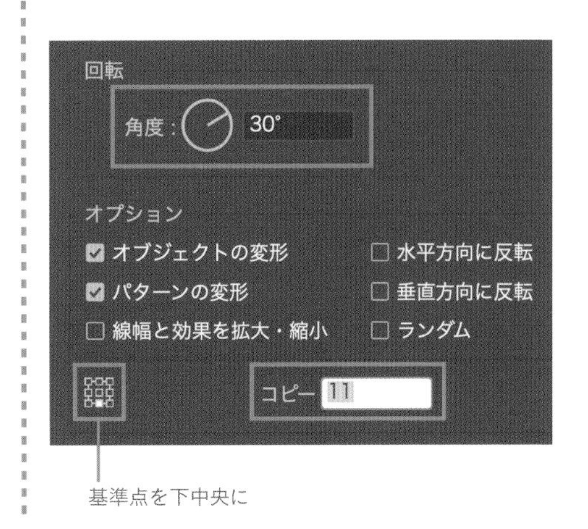

RECIPE
29

線を重ねてシームレスに描ける！

松

ここがポイント

破線の曲線と滑らかにつなげたい場合は、同じ太さの線を重ねると楽に描けます。

動画でも解説！

¥

水平線を描く

直線ツールで水平線を描く。長さ65px。

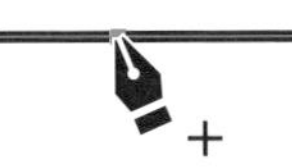

P

中心にアンカーを追加

直線を選択し、ペンツールで中心をクリックしてアンカーを追加。

A

中心のアンカーを上へ移動

ダイレクト選択ツールで中心のアンカーを選択し、少し上へ移動。

Shift C

ハンドルを伸ばして曲線に

アンカーポイントツールで曲線にする。

線幅を太くする

線幅を30pt程度に。

STEP 6

Option(Alt) ドラッグ

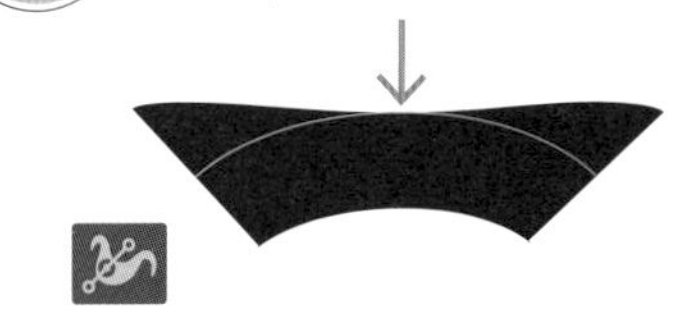

Shift W

線幅ツールで片方の線を潰す

線幅ツールでOption（Alt）を押しながらドラッグし、上側中心のみ潰す。

STEP 7

Option(Alt) ⌘(Ctrl) /

新規線を追加し丸型線端に

アピアランスパネルから新規線を追加。線端を丸型線端に。

STEP 8

追加した線を破線に

手順6の線を選択し、破線にチェック。線分0、間隔20、先端は整列。

効果＞ワープ＞アーチ

手順7の線に適用。水平方向にカーブ40程度で完成。

RECIPE
30

曲線的な作図はブラシで解決！

雪輪

ここがポイント

ブラシ作成の際は、p34で解説した基準点の変更の仕方も確かめながらおこないましょう。

動画でも解説！

L

正円を描く

楕円形ツールでShiftを押しながらドラッグし、正円を描く。

Shift　Option(Alt)　ドラッグ

少し重ねて横に移動コピー

Shift + Option（Alt）を押しながらドラッグ。少し重ねて移動コピー。

⌘(Ctrl)　D

変形の繰り返し

コピーした正円を選択したまま、オブジェクト＞変形＞変形の繰り返し。

STEP 4

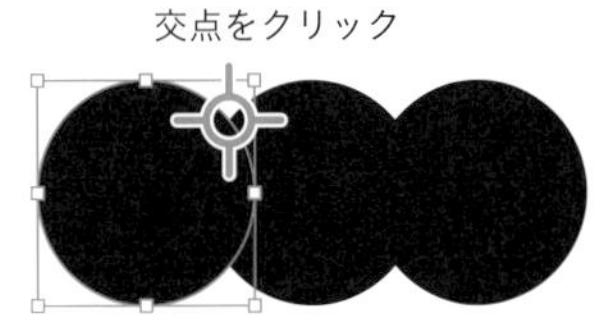

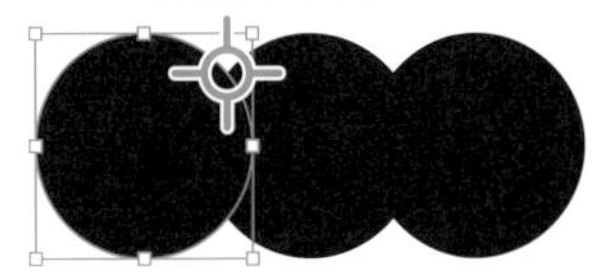

S

拡大・縮小ツールで交点を基準に

左の円を選択し、拡大・縮小ツールで隣の円との上の交点をクリック。

アンカーの位置まで縮小

下のアンカーを掴んでドラッグし、隣円の左のアンカーまで縮小。

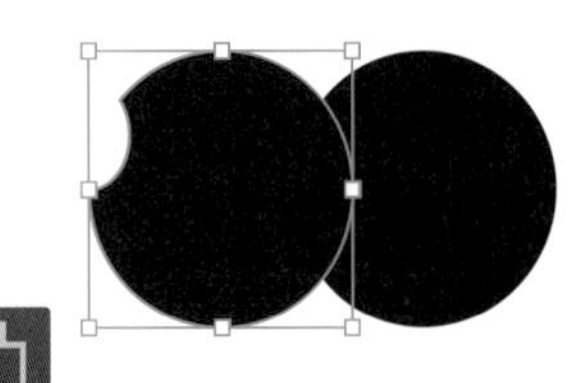

前面オブジェクトで型抜き

左2つの円を選択し、パスファインダー＞前面オブジェクトで型抜き。

STEP 7

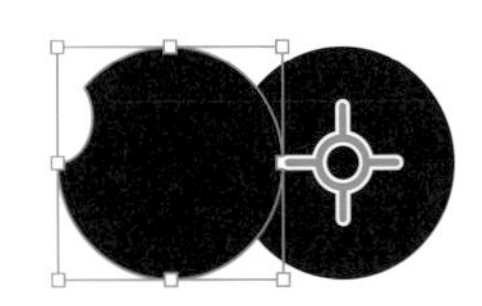

O

リフレクトツールで右円を基準に

手順6の円を選択し、リフレクトツールで隣の円の中心をクリック。

STEP 8

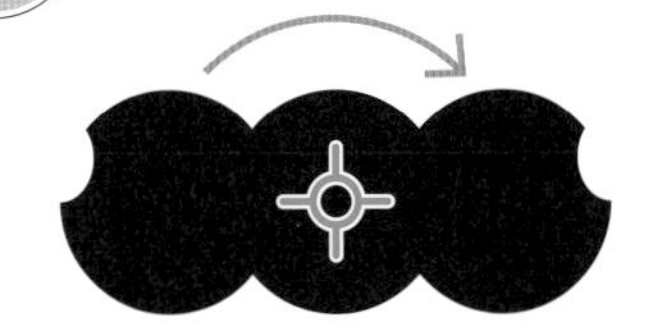

Shift　Option(Alt)　ドラッグ

右側に反転コピー

Shift + Option（Alt）を押しながらドラッグ。左の円を反転コピー。

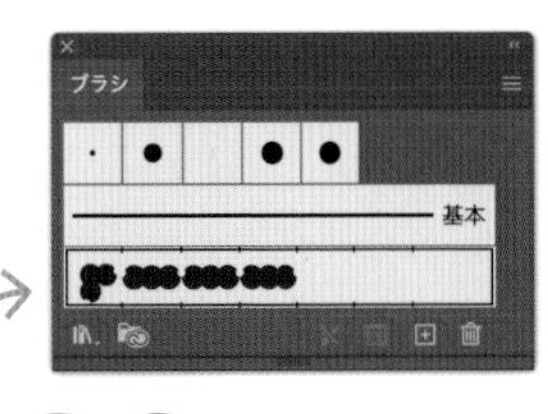

パターンブラシに登録

ブラシパネルにドラッグ。パターンブラシを選択し、設定はそのまま。

倍の大きさの正円を描く

手順8のオブジェクトの幅のおよそ2倍が直径の正円を描く。

STEP 11

正円にブラシを適用

手順9で作成したブラシを正円に適用。

STEP 12

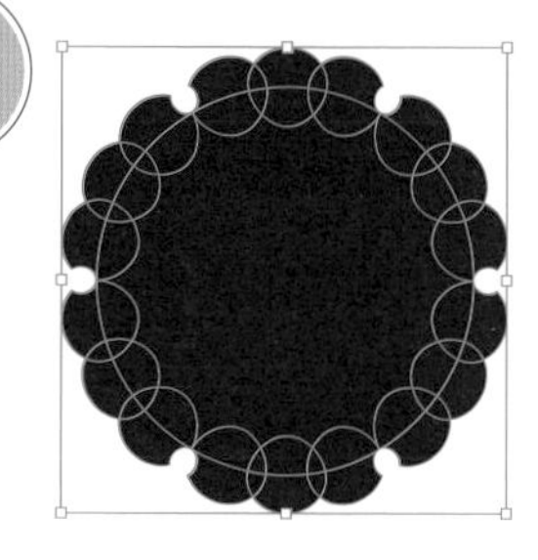

オブジェクト＞アピアランスを分割 でパス化

オブジェクト＞アピアランスを分割でパス化。

STEP 13 完成！

パスファインダー＞合体

パスを結合して完成。

MEMO

手順11で図のように穴が出なかった場合は、オブジェクト＞パス＞パスの方向反転 を実行してください。

Chapter

3

インフォメーション

グラフや地図など情報をわかりやすく伝えるためのグラフィックは、データによって形状を微調整することが多いです。
この章ではアピアランスなどを活用することで、容易に修正ができる非破壊データの作り方を中心に解説します。

RECIPE
31

伸ばすと自動で斜線が増える！

ブレンドで
斜線飾り

線の位置を

ずらすと斜線が増える

ここがポイント

ブレンドの「間隔」の設定で、伸ばした分だけ
自動で増えるオブジェクトが作れます。

動画でも解説！

¥

斜めの直線を描く

直線ツールで斜めの直線を描く。線幅や線端の設定は自由。

Shift Option(Alt) ドラッグ

離れた位置にコピー

Shift+Option（Alt）を押しながら横にドラッグしてコピーする。

ブレンドを作成

2本の斜線を選択し、オブジェクト＞ブレンド＞作成。

STEP 4 完成！

オプションから間隔を「距離」に

オブジェクト＞ブレンド＞ブレンドオプション を開き、間隔を「距離」に。

4 ブレンドオプション

ブレンドオプション

間隔：距離　4 px

方向：

プレビュー　キャンセル　OK

解説

ブレンドの間隔の設定は全部で3種類

デフォルトの「スムーズカラー」にしておくと、オブジェクトの形や色に応じて滑らかに変化するよう自動的に計算されます。

「ステップ数」は、間に生成されるオブジェクトの数を指定します。距離に関係なく、その数が間に生成されます。

「距離」は、オブジェクトとオブジェクトの間隔の数値を決め、その距離ごとにオブジェクトを生成します。2点が開けば開くほど、生成される数は増えます。

「ステップ数」は生成される中間の数

ステップ数 1

ステップ数 3

「距離」は一定間隔で中間を生成

RECIPE
32

自分で描かずに作れる！

矢印で
カーソル

ここがポイント

線の機能の「矢印」を使えば、定番の矢印の形状は自分で描かず素早く作成できます。

動画でも解説！

垂直線を描く

直線ツールでShiftを押しながらドラッグで描く。

線の矢印を「矢印 5」に

線パネルを開き、矢印を「矢印 5」に変更。

矢印の倍率と位置を調整

倍率を70％程度に変更し、先端をパスの終点に。

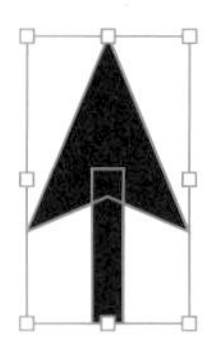

パスのアウトライン

オブジェクト＞パスのアウトライン で線をパス化。

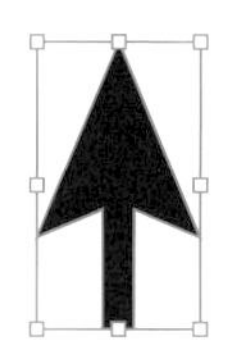

パスファインダー＞合体

パスファインダー＞合体 で結合。

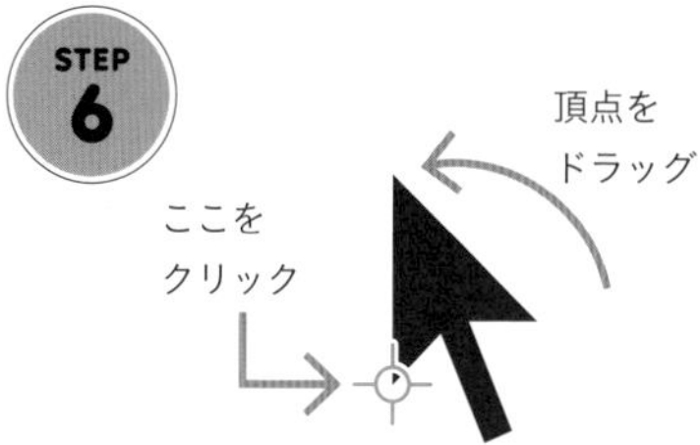

回転ツールで左の辺を垂直に

選択し、回転ツールで左の角をクリック。頂点と垂直に並ぶまで回転。

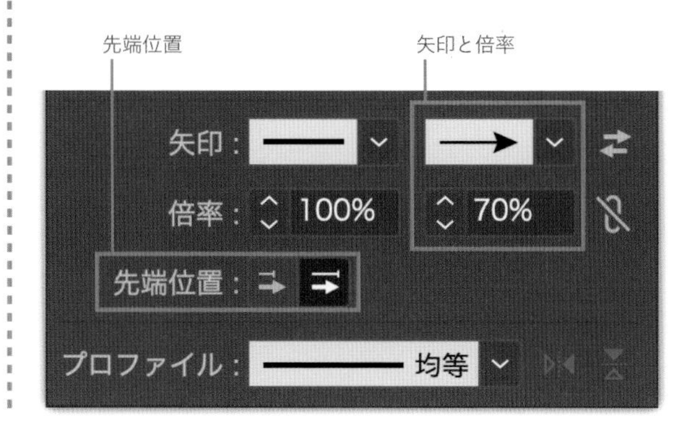

MEMO

手順6の前に 表示＞スマートガイド にチェックしましょう。クリックした角と頂点が、垂直に並ぶ位置でピタリと合います。

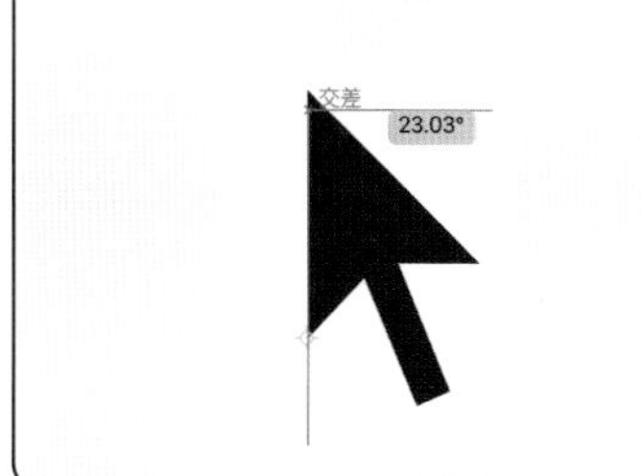

線の色を白に

線の色を白に。線幅は手順1の線と同じ数値に。

線を塗りの下に移動

アピアランスパネルで線を塗りの下にドラッグで移動させる。

STEP 9 完成！

効果>スタイライズ>光彩（外側）

全選択し光彩（外側）を適用。作例は乗算、不透明度25%、ぼかし0.5px。

8 アピアランスパネル

アピアランスの順番と見た目の関係

アピアランスパネルの項目は、最下部の「不透明度」以外はドラッグで順番を入れ替えることができます。

そしてオブジェクトを重ねる時と同様、重ね順によって見た目が変化します。

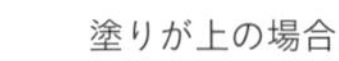

RECIPE
33

変形したり増やしたりがかんたんにできる！

プログレストラッカー

STEP1 STEP2 STEP3

STEP1 STEP2 STEP3 STEP4

ここがポイント

「ワープ＋ジグザグ」でアピアランスを変化させ、修正に強い構造を作っています。

動画でも解説！

Shift Option(Alt) ドラッグ

長方形を描き、横にコピー

隙間なく接するように配置。数や色は自由。

⌘(Ctrl) G

グループ化

全選択し、グループ化する。

効果＞ワープ＞アーチ

水平方向を垂直方向に変更し、カーブ-100で適用。

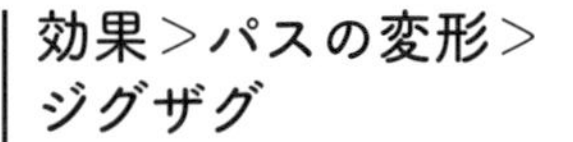

効果＞パスの変形＞ジグザグ

大きさ0、折り返し1、直線的に適用。

効果＞パス＞パスのオフセット

マイナスの値で少しだけ縮小して完成。

3 ワープオプション

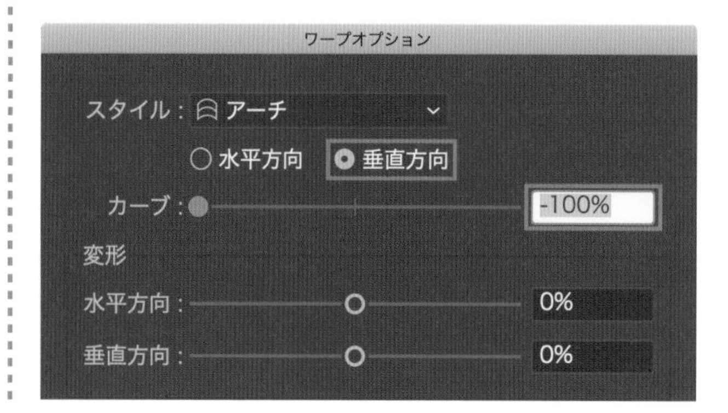

矢印を増やす場合は、グループ選択したうえで長方形をコピーしてください。接するように並べると矢印間の余白がぴったりそろいます。

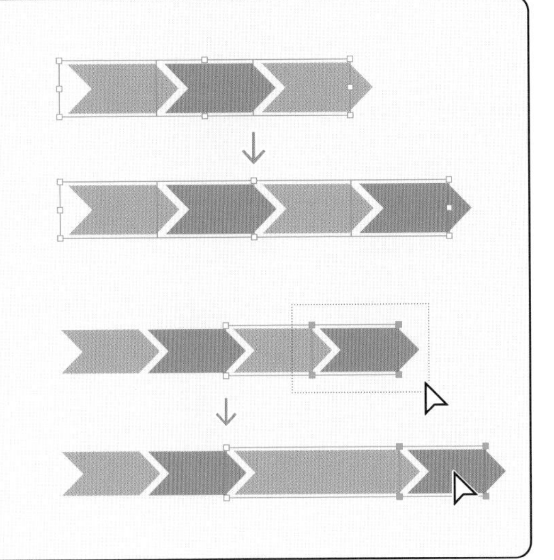

ダイレクト選択ツール（A）で一部だけを選択して移動させることで、特定の部分だけ伸ばすこともできます。

解説

アピアランス処理の順番

アピアランスに適用された効果は、上から順に処理されます。今回の例では以下のようになります。

- グループ化し
- ワープで形状をゆがませ
- ジグザグで変形
- パスのオフセットで拡張
- 「内容」に含まれる元の塗りを適用

効果の並べ方を変更すると、見た目も変化するので注意してください。

RECIPE
34

伸ばしても波が崩れない！

ラフとジグザグで
省略線

ここがポイント

効果のラフとジグザグを組み合わせることで、
波線の間隔を一定に保つことができます。

動画でも解説！

STEP 1

¥

太めの直線を描く

水平線を描き、線幅を太くする。作例は長さ85px、線幅12pt。

STEP 2

Option(Alt) ⌘(Ctrl) /

新規線を追加し、白く細くする

アピアランスで新規線を追加。上の線を白く細くする。作例は線幅8pt。

STEP 3

効果 ラフ をサイズ0で適用

効果＞パスの変形＞ラフを、サイズ0、詳細2で適用。

STEP 4 完成！

効果＞パスの変形＞ジグザグ

ジグザグの大きさを入力値で4px、折り返し1、ポイントを「滑らか」に。

アピアランスパネル

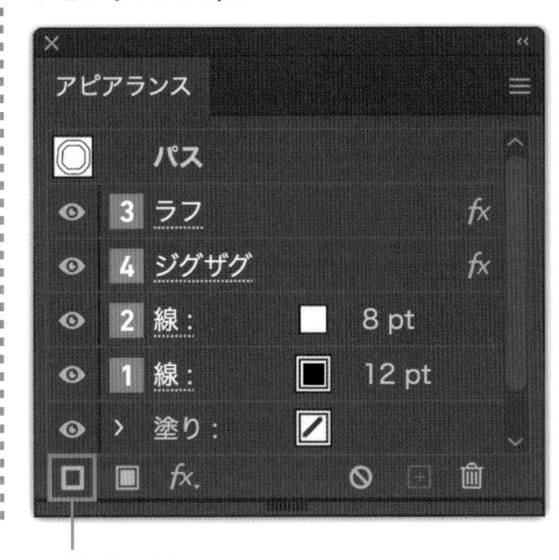

新規線を追加

MEMO

ラフとジグザグは塗り線の中ではなく、上に入ることに注意してください。

解説

なぜラフとジグザグを適用するのか

ジグザグの折り返しは「アンカーポイント間で何回折れ曲がるか」ですが、ラフの詳細は「一定の長さ（1inch）を何分割するか」です。

ジグザグだけで省略線を作ると、線の長さが変わっても折り返しの数が増えないので崩れてしまいます。しかしラフであれば一定の長さでアンカーポイントを追加でき、そのアンカーの間で1度だけジグザグで折り返すことで、一定の距離ごとに波打つ線が描けるわけです。

RECIPE
35

効果 パスファインダーで見た目だけを結合

フチ線地図

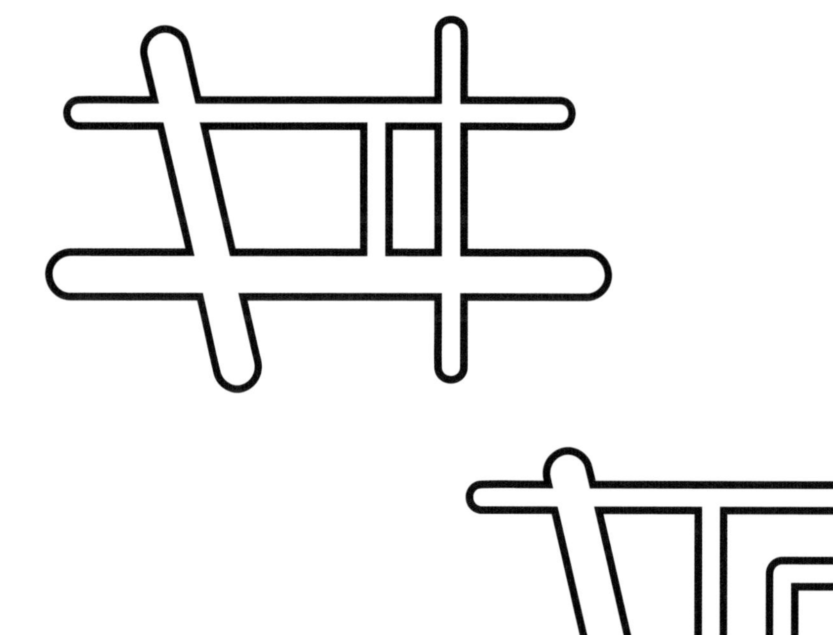

ここがポイント

効果のパスファインダーは元のパスを残したまま見た目だけを擬似的に結合してくれるので、後から修正がかんたんになります。

動画でも解説！

STEP 1

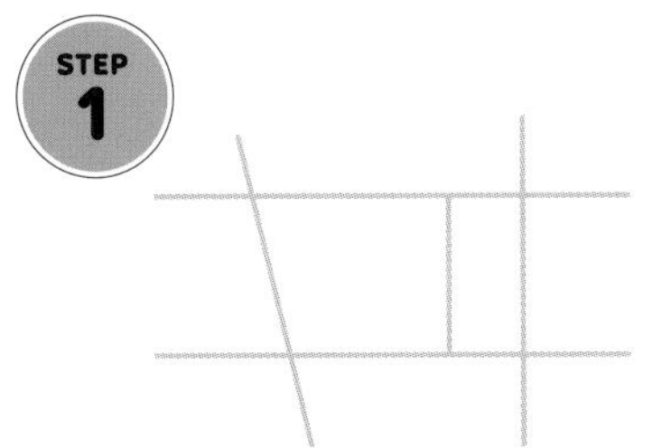

⌘(Ctrl) G

線で地図を描き、グループ化

直線ツールやペンツールで地図の道路を描く。全選択してグループ化。

STEP 2

ブラシ 丸筆 を適用

ブラシパネルを開き、線に「5pt. 丸筆」を適用。

STEP 3

道ごとに太さを調整

線パネルから道ごとに線幅を調整する。

STEP 4

アピアランス
グループ
追加
内容
不透明度： 初期設定

効果＞パスファインダー＞追加

グループを選択して適用（見た目は変化しません）。

STEP 5 完成！

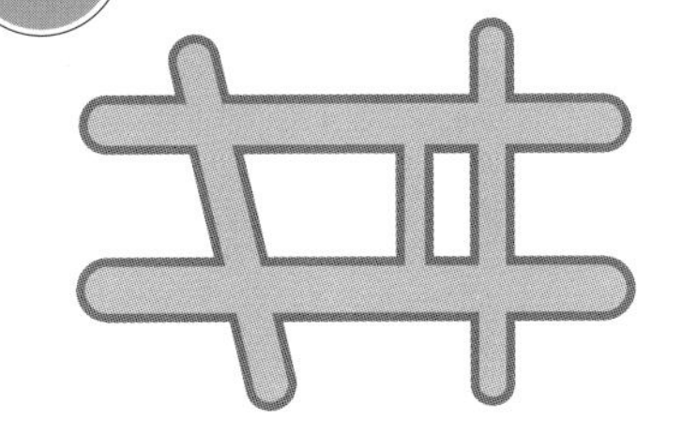

Option(Alt) ⌘(Ctrl) /

内容の下に新規線を追加

アピアランスパネルで新規線を追加。色を変更し、「内容」の下に移動。

MEMO

手順4～5の「追加」はなくても成立しますが、アウトラインを分割した際のデータがきれいになります。

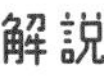

効果 パスファインダーとは

パスファインダーには、

- パスファインダーから使用するもの
- メニューバーの「効果」から使用するもの

の2種類あります。後者を使うと、前者とは異なり実際のパスの形状はそのまま、見た目のみが変化します（手順4で使用）。そのため結合した見た目のまま、元のパスの形状で編集が可能で、効果を解除すれば見た目を元のパスに戻せます。

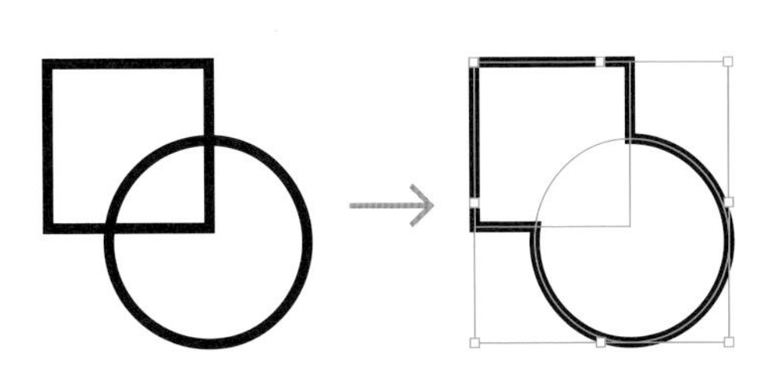

効果のパスファインダーで結合した場合

RECIPE
36

グラフィックスタイルで量産できる！

寸法線

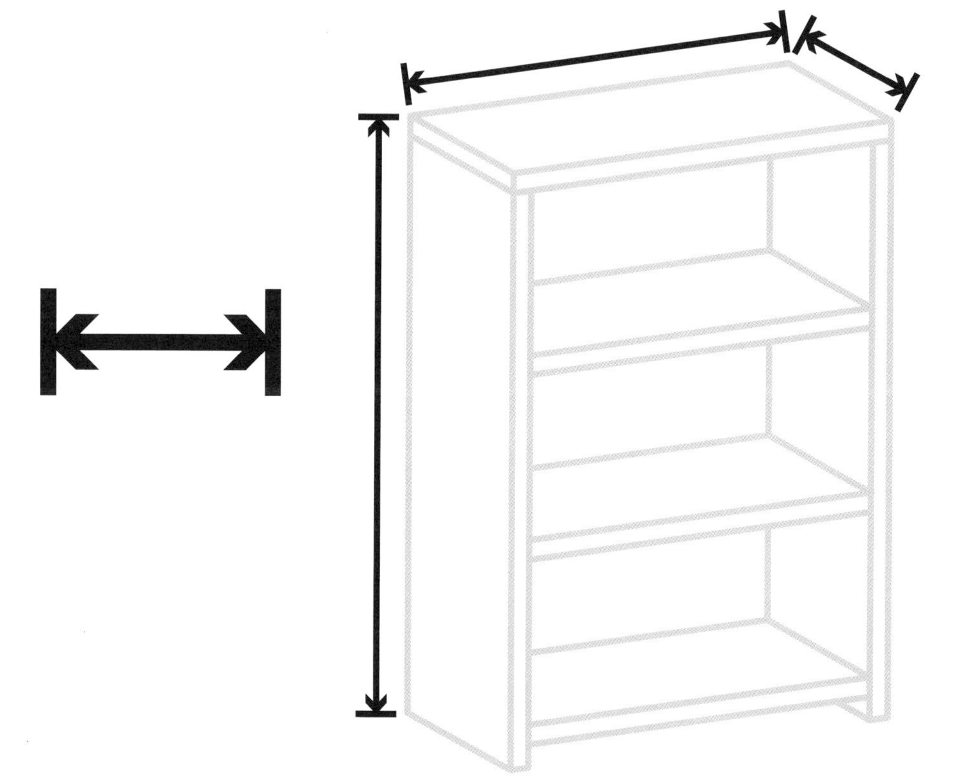

ここがポイント

アピアランスだけで素材を描画すれば、「グラフィックスタイル」の活用で他のオブジェクトに転用できるようになります。

動画でも解説！

STEP 1

¥

直線を一本描く

直線ツールで直線を描く。長さや太さは自由。

STEP 2

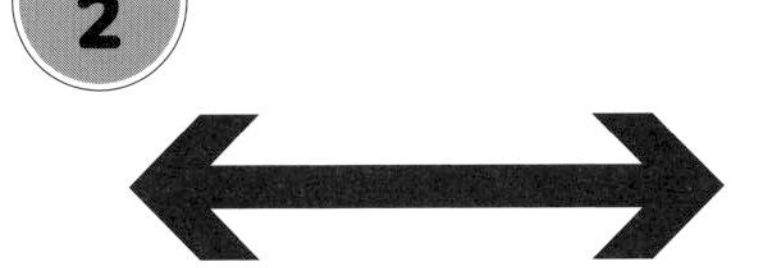

線の矢印を「矢印 10」に

線パネルで矢印を「矢印 10」に。先端位置をパスの終点に配置に。

STEP 3

Option(Alt) ⌘(Ctrl) /

新規線を追加

アピアランスパネルを開き、左下の「新規線を追加」をクリック。

STEP 4 完成！

線の矢印を「矢印 27」に

追加線の矢印を「矢印 27」に。先端位置をパスの終点から配置に。

2 4 線パネル

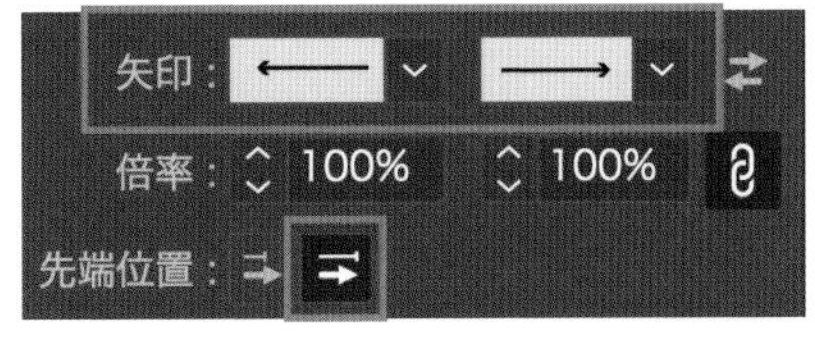

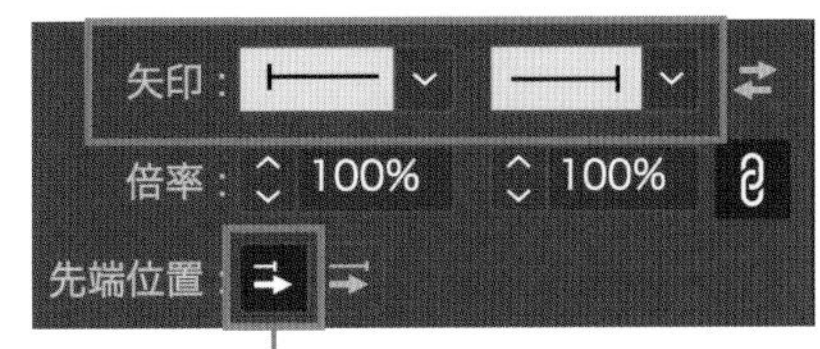

2つの線は先端位置も異なるので注意。

解説

「グラフィックスタイル」でアピアランスを量産できる

ウィンドウ>グラフィックスタイル で開くパネルでは、アピアランスを保存して、別のオブジェクトにコピーできます。これにより、以下の手順で寸法線を量産可能です。

1. 寸法線をグラフィックスタイルパネルにドラッグ
2. 別の直線を用意し、選択する
3. グラフィックスタイルに作成したアイコンをクリック

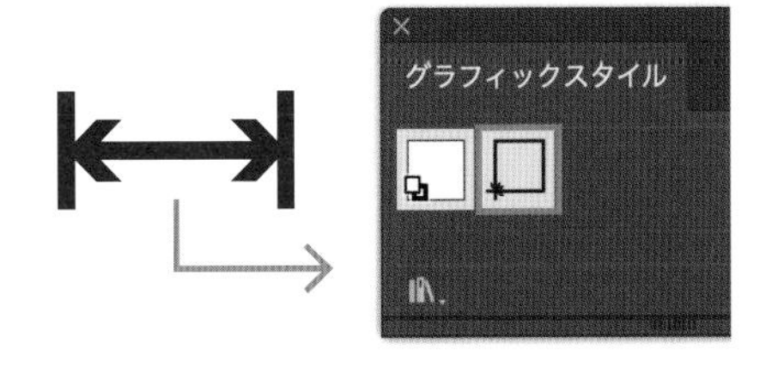

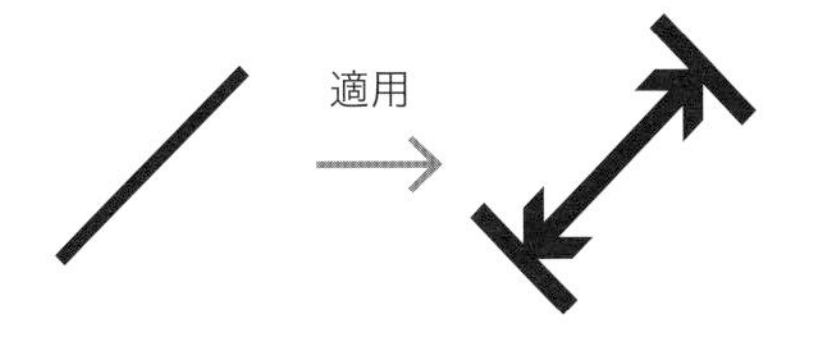

RECIPE
37

3Dがあっという間に線画になる！

本棚の図面

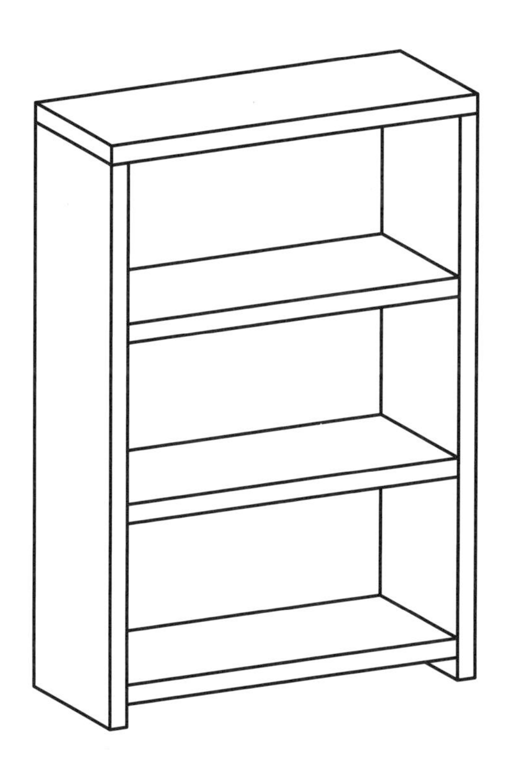

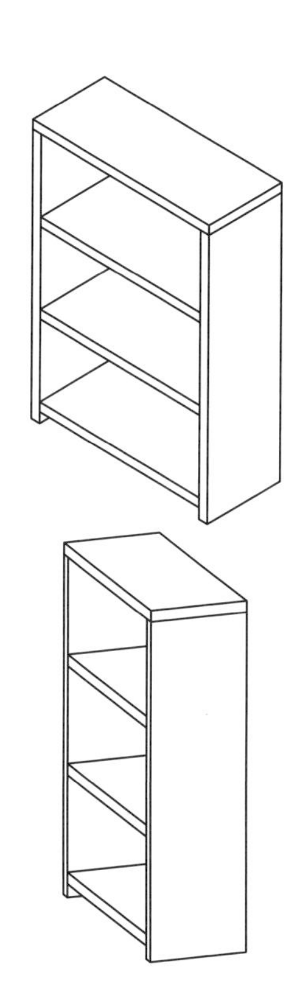

ここがポイント

効果 3Dで作成したオブジェクトに線を付けるには、パスファインダーの刈り込みで一度パスの形状を整理する必要があります。

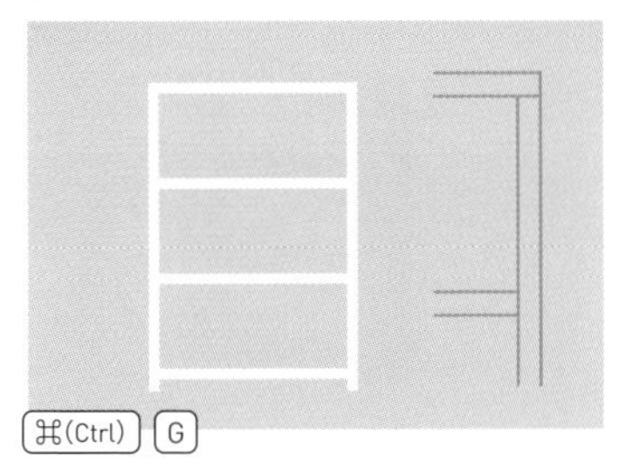

⌘(Ctrl) G

本棚の枠を描いてグループ化

長方形で正面から見た板を描き、グループ化する。

STEP 2

効果＞3D＞押し出し・ベベル

押し出しの奥行きの数値を調整し、表面を「陰影なし」に。

3Dを「内容」の上に移動

アピアランスパネルで3D 押し出しベベル を 内容 の上にドラッグ。

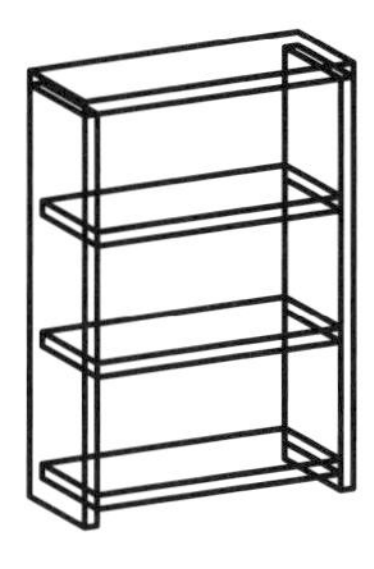

Option(Alt) ⌘(Ctrl) /

新規線を追加

アピアランスパネルで新規線を追加。線は「内容」の上になるように。

効果 刈り込み

効果＞パスファインダー＞刈り込みを適用して完成。

パスファインダー 刈り込みとは

刈り込みは、塗りが重なった場合に、上に位置する塗りはそのまま、下の塗りの上と重なった部分を削除するパスファインダーです。

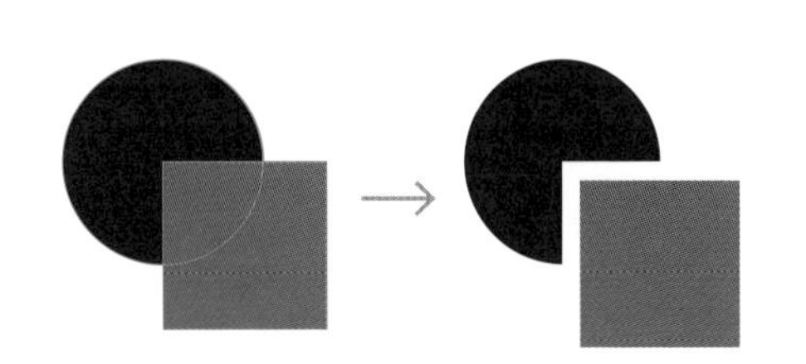

おまけレシピ：着色する場合

STEP 6

元のオブジェクトの色を茶色に

アピアランスパネルの「内容」をダブルクリックし、白い塗りの色を変更。

STEP 7

3Dの表面を陰影（艶消し）に

アピアランスの押し出し・ベベルをクリック。表面を陰影（艶消し）に。

STEP 8

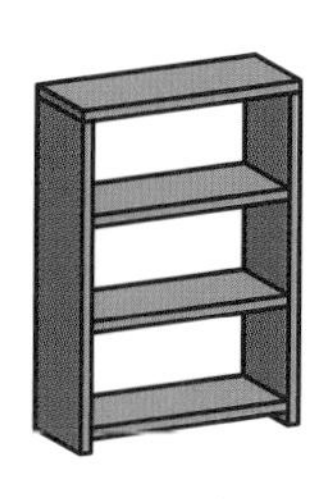

新規ライトを追加

詳細オプションを開き、新規ライトを追加して位置を調整。

STEP 9

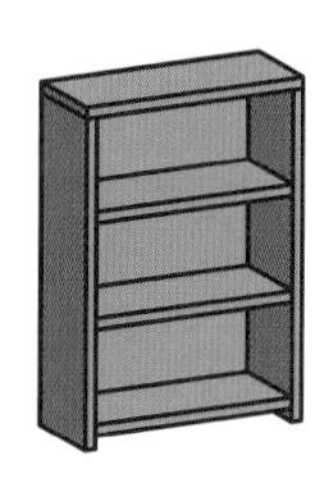

塗りを茶色に、内容の下に追加

無色の塗りの色を茶色に変更し、「内容」の下に移動させる。

STEP 10 完成！

効果＞パスファインダー＞追加

手順9の塗りを選択し、効果＞パスファインダー＞追加 を適用して完成。

7 押し出し・ベベルオプション

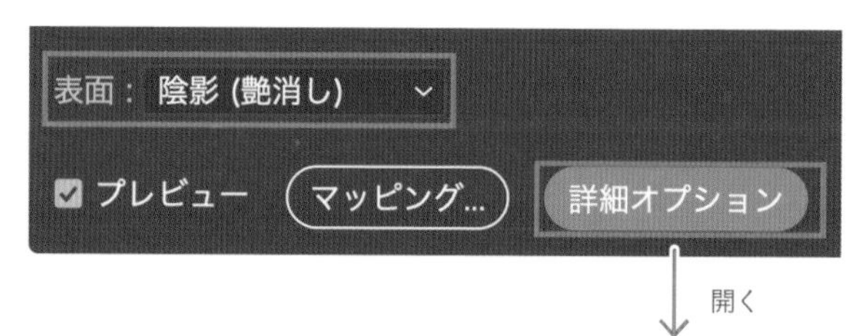

開く

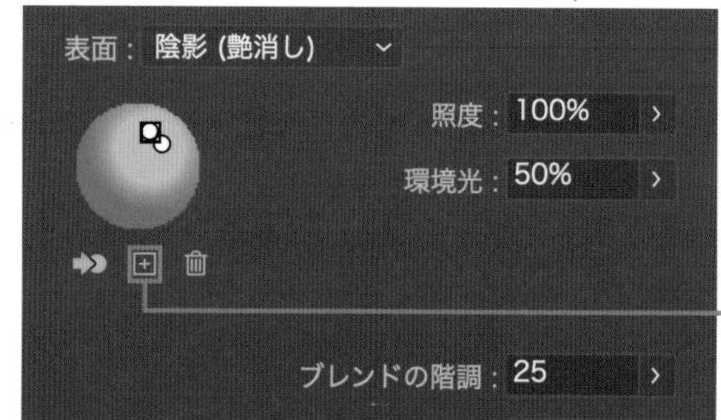

新規ライトを追加

ライト1つでは色が暗くなりがちなので、追加して明るくします。

効果は配置する場所で適用範囲が変わる

アピアランスパネルには大きく3つのエリアがあります。そのどこに効果を配置するかによって、アピアランスのどこまでに効果を適用するかを決められます。

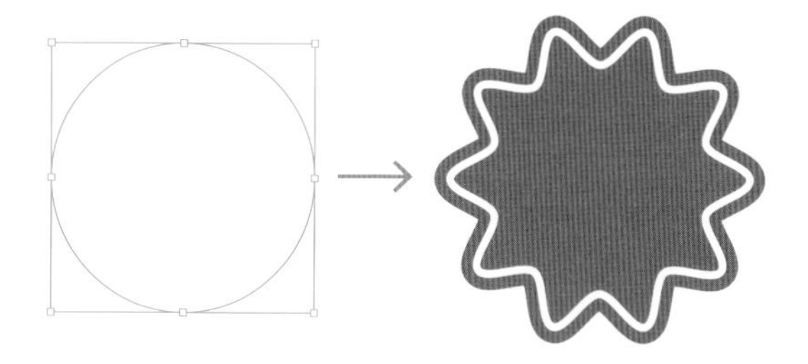

①塗り線の「上」

塗りと線の上に効果を配置した場合、塗り線が適用される前の無色のパスに効果が適用されます。この後下の塗り線が処置されるため、アピアランス内のすべての塗り線に影響があります。

②塗り線の「中」

塗り線の中に効果を入れた場合は、塗り線単体にのみ効果が適用されます。

③塗り線の「下」

上にあるすべての効果の処理が終わった後、アピアランス内のすべての塗り線に適用されます。

RECIPE
38

コマ割り自由！　修正かんたん！

漫画フレーム

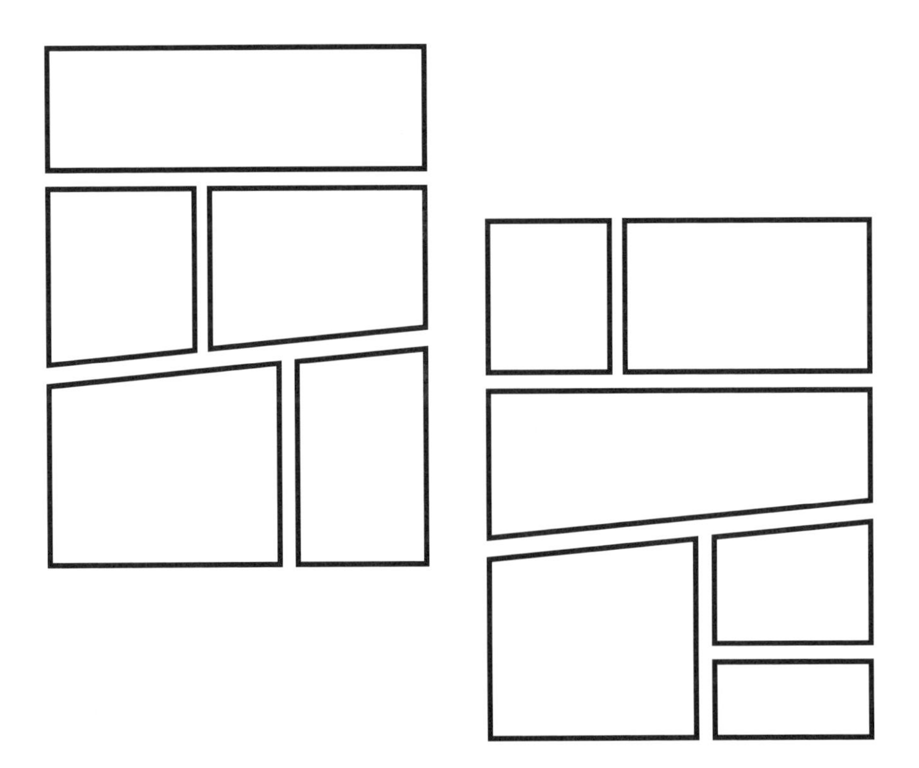

ここがポイント

効果を組み合わせて見た目だけ結合することで、線の状態を維持したままコマ割りを作成できます。

動画でも解説！

M

長方形を描く

線のみにし、線パネルから線の位置を「線を中央に揃える」に。

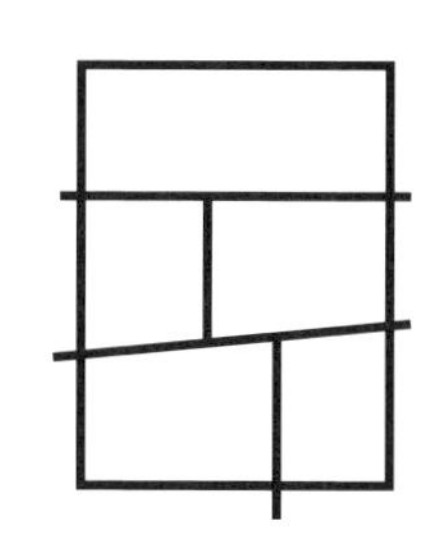

¥

直線でコマ割りをする

外枠は少しはみ出すように、直線ツールでコマ割りをする。

線ごとに太さを調整

線ごとに線幅を調整（線の太さがコマの余白になります）。

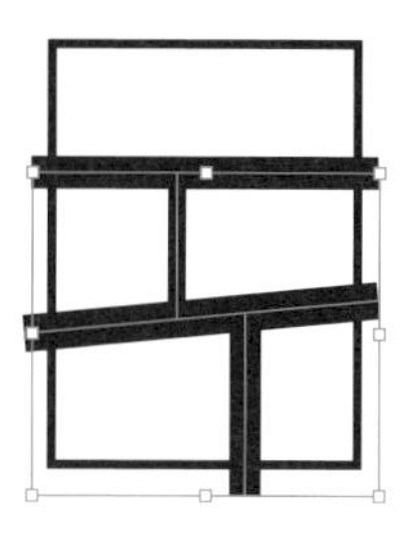

⌘(Ctrl) G

直線のみをグループ化

長方形以外の直線をすべて選択し、グループ化。

STEP 5

アピアランス
グループ
内容
パスのアウトライン
不透明度： 初期設定

効果＞パス＞パスのアウトライン

グループを選択し、効果 パスのアウトライン を適用。

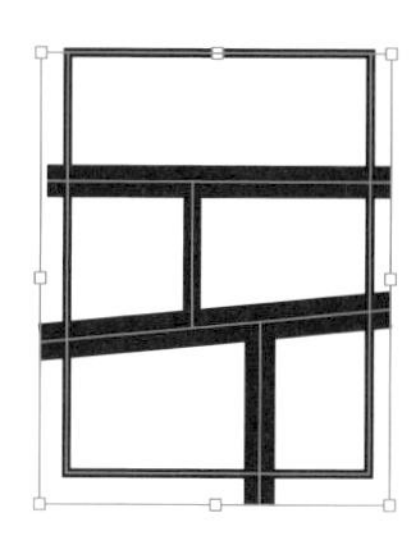

⌘(Ctrl) D

すべてをグループ化

全選択し、グループ化する。

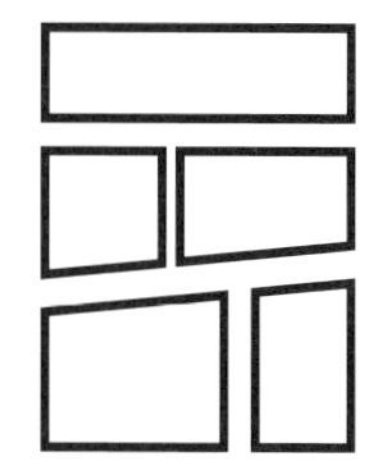

効果 前面オブジェクトで型抜き

効果＞パスファインダー＞前面オブジェクトで型抜き して完成。

MEMO

最後の手順7でパスファインダーを適用すると線が消えてしまう場合は、一番最初の長方形の線パネルを開き、線の位置が「線を中央に揃える」になっているか確認してください。

効果 パスのアウトラインのすべて

効果 パスのアウトラインとは

アピアランス上で、線を擬似的にアウトライン化してくれる効果です。
正方形に効果＞パスの変形＞ラフを適用したもので比べると、効果 パスのアウトラインの有無で見た目が異なることがわかります。

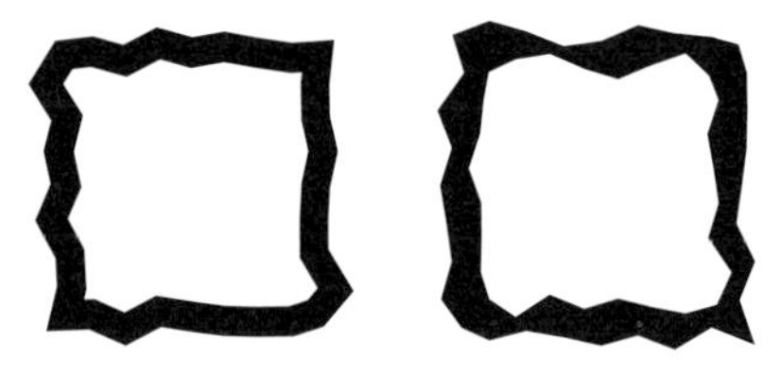

❶アウトラインなし　❷アウトラインあり

見た目が変わる理由

❶は正方形のパスをギザギザしてその上で線幅がついているので、どこも線の太さは一定です。

しかし❷は効果パスのアウトラインで線がアウトライン化して二重の正方形のパスになり、その後でラフが適用されています。

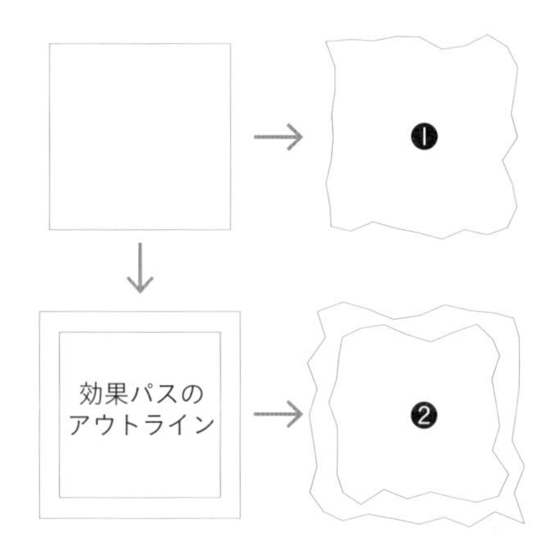

効果 パスのアウトラインのメリット

結果としてできあがる形状は普通にパスをアウトライン化してラフをかけた場合と同じですが、パスの形状が変化しても、変化した後のパスに対して再び線幅と効果が再計算されるので、線が潰れたりしません。

また、効果のパスファインダーなどで結合した後でも線幅を変更できるので、修正や微調整がしやすいデータになります。

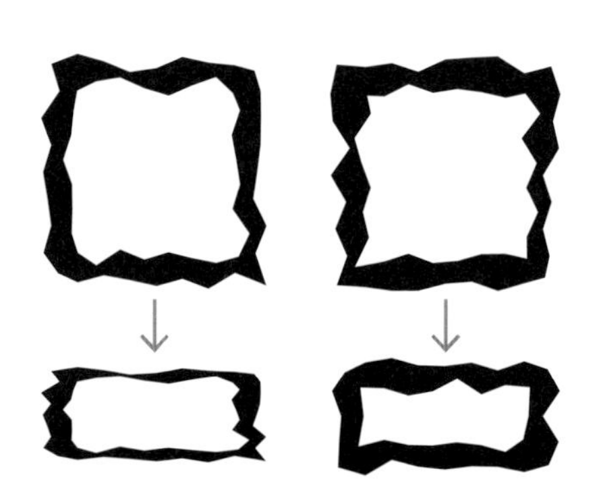

普通のアウトライン　効果のアウトライン

RECIPE
39

しっぽの向きが自由自在！

フキダシ

ここがポイント

オブジェクト単体のアピアランスとグループのアピアランスを組み合わせることで、より複雑な変形ができるオブジェクトを作れます。

動画でも解説！

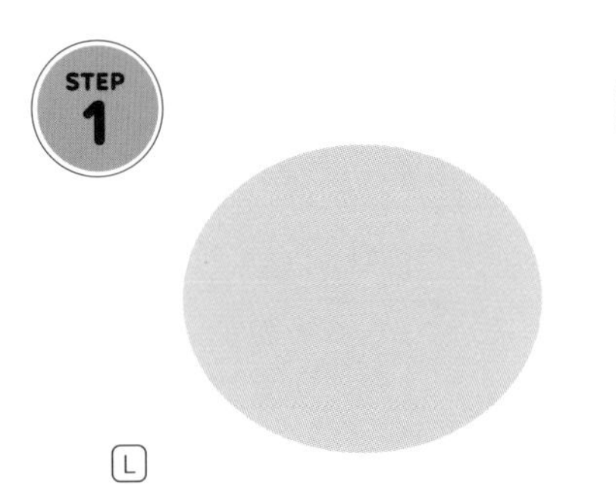

白い塗りの楕円を描く

※説明のため、図の色はグレーにしています。

STEP 2

効果＞ワープ＞でこぼこ

水平方向にカーブ-15程度で適用。

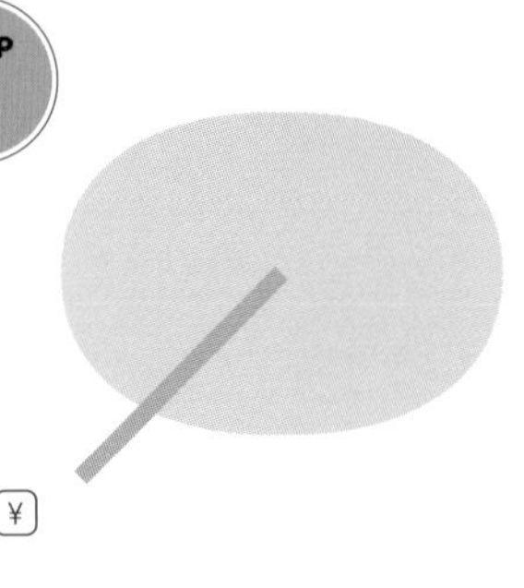

直線を描き、塗りを非表示に

中心から線を引き、アピアランスパネルから塗りを非表示に。

線幅プロファイル 4に変更

線パネルのプロファイルから線幅プロファイル 4を選択。線幅を太く。

効果＞ワープ＞絞り込み

線を選択し、絞り込みを水平方向にカーブ50程度で適用。

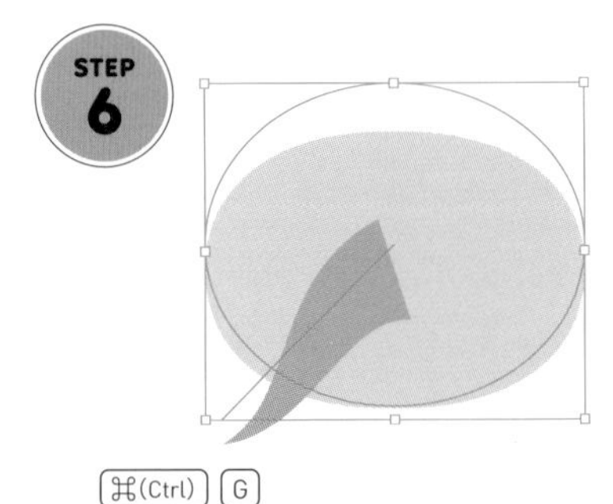

グループ化

全選択し、グループ化する。

3 アピアランスパネル

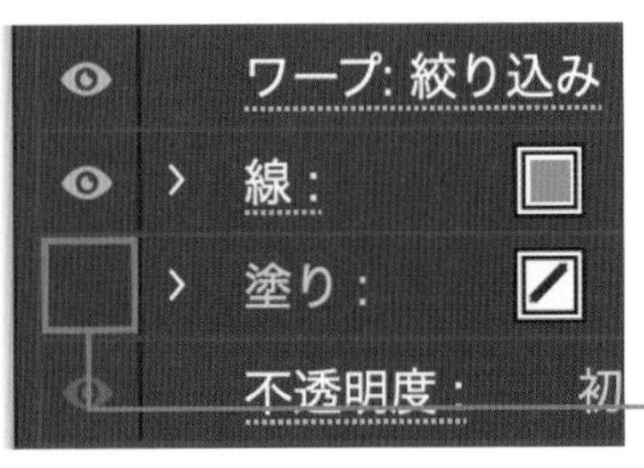

目玉をクリックして消す

手順3は、塗り色を無しにするのではなく、非表示にしてください。表示になっていると、手順7で結合した際に透明な塗りもパスファインダーで結合されてしまいます。

4 線パネル

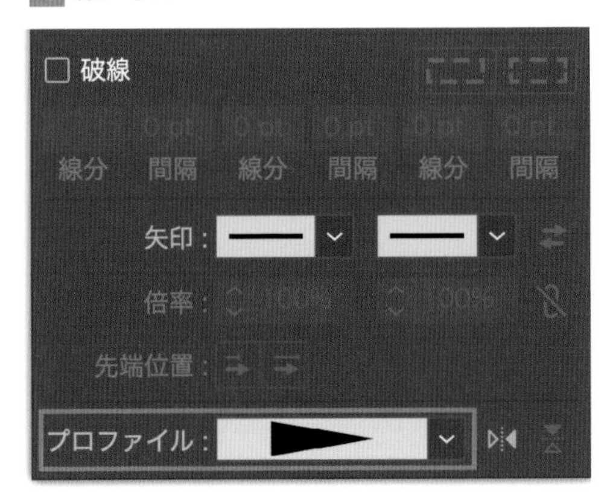

Option(Alt) ⌘(Ctrl) /

効果＞パスファインダー＞追加

グループを選択し、効果の追加を適用。全体の色が線と同じになる。

「内容」の下に新規線を追加

アピアランスパネルから新規線を追加し、「内容」の下に移動させる。

線幅を太く、角の形状を丸く

線パネルから線幅を太くし、角の形状から「ラウンド結合」を選択。

アピアランスパネル

元々の楕円や直線のアピアランスは「内容」の中に格納されています。「線」が「内容」より上になると、太い線が塗りの上に表示され、しっぽの先端が潰れてしまいます。

解説

線幅プロファイル

線は通常どこも同じ太さになりますが、線幅プロファイルを変更することで太さに変化を与えられます。「線幅ツール」で手作業で線幅を変更することもでき、オリジナルのプロファイルを保存して使い回すことも可能です。

線に対しパスファインダーを適用しても、通常は線幅はパスとして扱われません。しかし、線幅プロファイルなどで変形させた線は「塗り」として扱われるため、効果パスのアウトラインを適用せずに結合できます。

RECIPE
40

回転ツールできれいに描ける！

サイクル図

ここがポイント

回転ツールとスマートガイドを組み合わせることで、円周上にパスを規則正しく並べるのがかんたんになります。

動画でも解説！

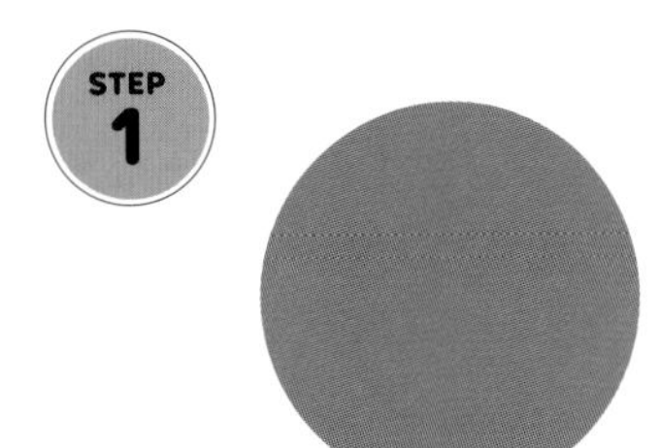

L

楕円形ツールで正円を描く

楕円形ツールでShiftを押しながらドラッグして正円を描く。

中心に小さい正円を描く

正円をコピーし、一回り小さくする。

¥

2つの円の差分の直線を描く

直線ツールで2つの円の間に垂直線を描く。

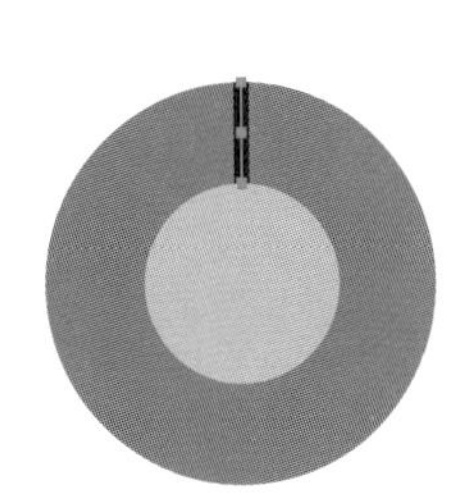

アンカーポイントの追加

直線を選択し、オブジェクト>パス>アンカーポイントの追加。

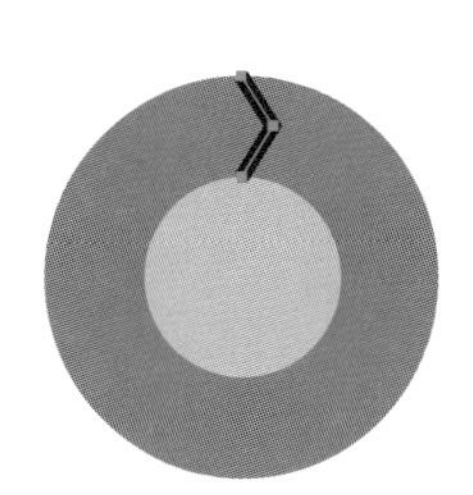

A

中央のパスを右へ移動

ダイレクト選択ツールで直線の中心のパスを右へ水平移動。

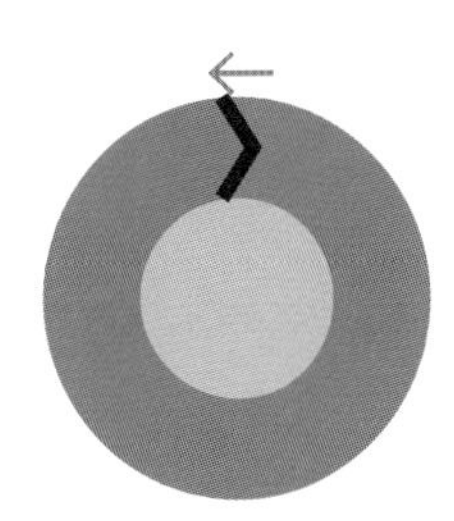

水平中央で整列

全選択し、整列パネルから水平方向中央に整列。

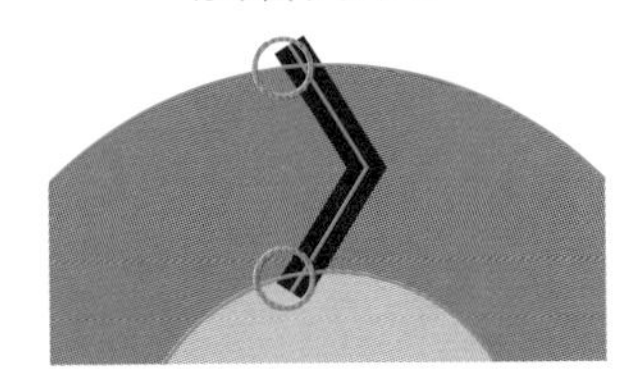

直線を少しだけ拡大

2つの円のパスを、直線の角がはみ出すように拡大。

MEMO

手順7でオブジェクトの中心を基準に拡大するには、Shift + Option（Alt）を押しながらバウンディングボックスを操作してください。

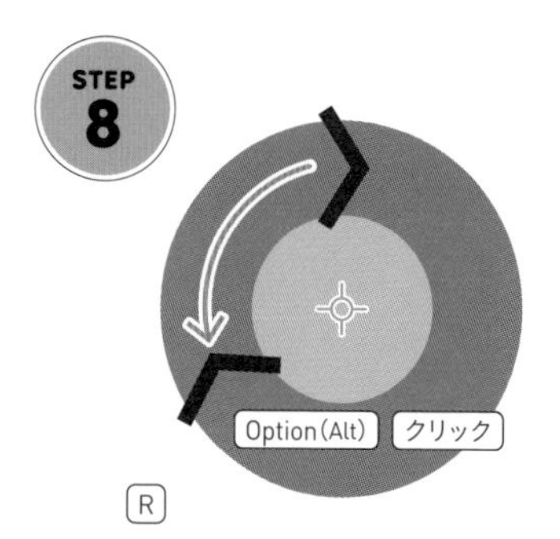

中心を基準に 120度回転コピー

線を選択し、回転ツールで円の中心をOptionクリックして回転コピー。

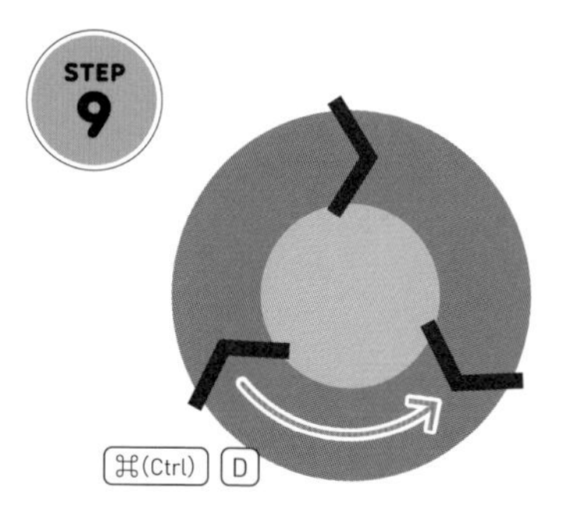

変形の繰り返し

コピーした黒線を選択したまま、変形の繰り返し。

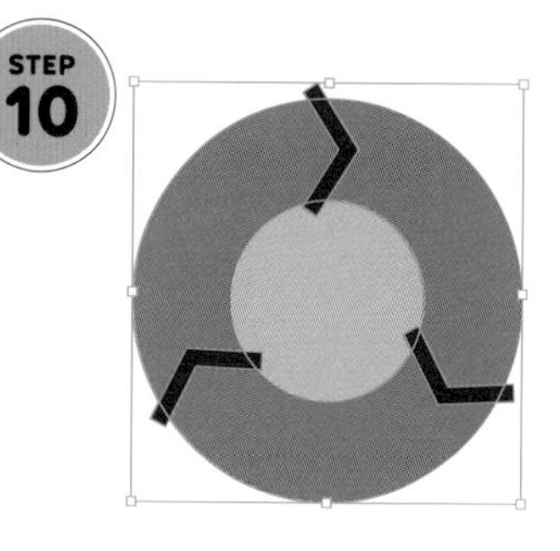

全選択して パスのアウトライン

全選択し、オブジェクト＞パス＞パスのアウトライン。

STEP 11 完成！

前面オブジェクトで 型抜き

全選択し、パスファインダー＞前面オブジェクトで型抜き して完成。

8 回転

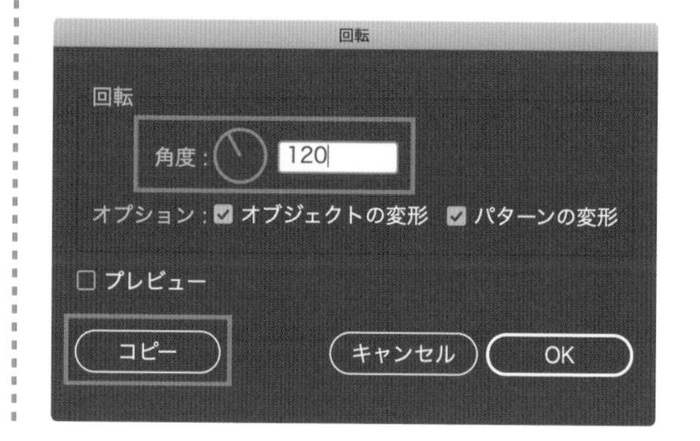

MEMO

手順8で回転の角度を変更すると、分割の数を変更できます。2分割なら180度、4分割なら90度、5分割なら72度です。

RECIPE
41

グラフを非破壊でデザインできる！

ドーナツグラフ

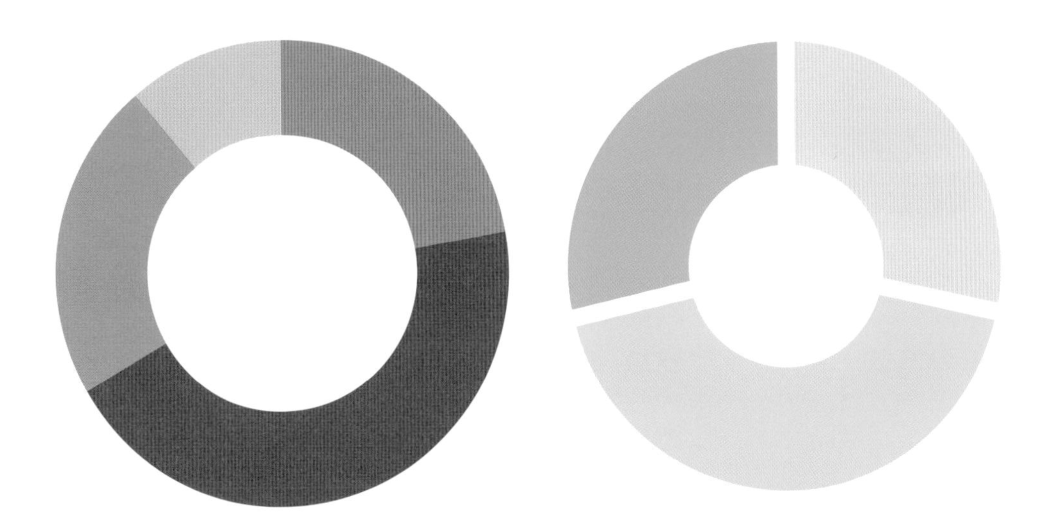

ここがポイント

アピアランスで見た目を整えることで、グラフの数値を編集できる状態を維持できます。

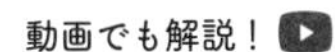
動画でも解説！

円グラフツールを選択

棒グラフツールを長押しして、円グラフツールを選択。

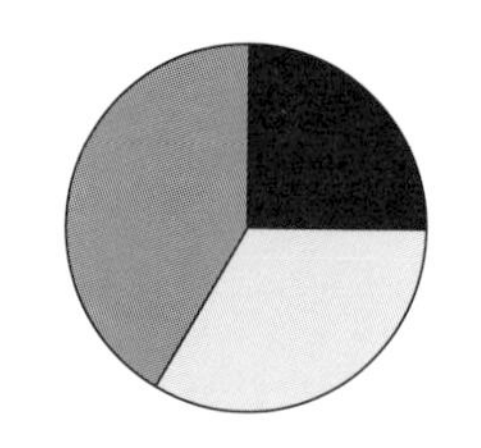

円グラフを描く

円グラフを描き、グラフデータを入力する。

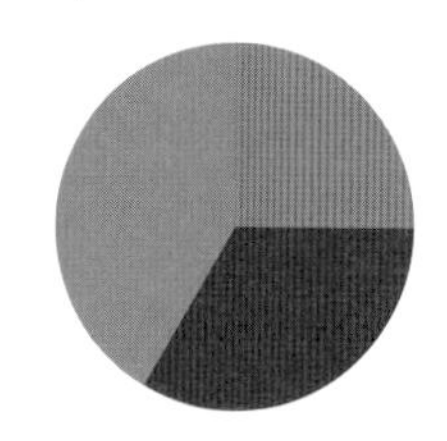

A

線をなしに、塗りを変更

線をなしにし、ダイレクト選択ツールで個別の塗りの色を変更する。

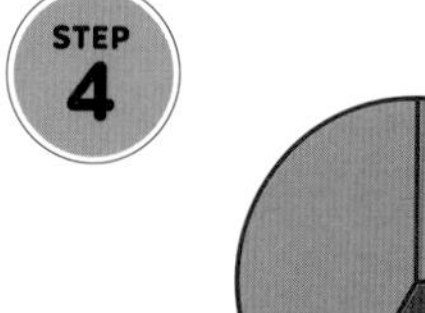

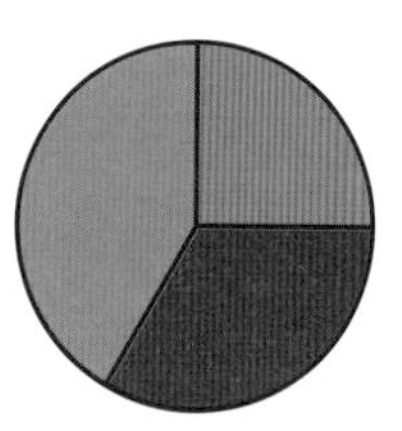

Option(Alt) ⌘(Ctrl) /

アピアランスで新規線を追加

アピアランスパネルから新規線を追加。

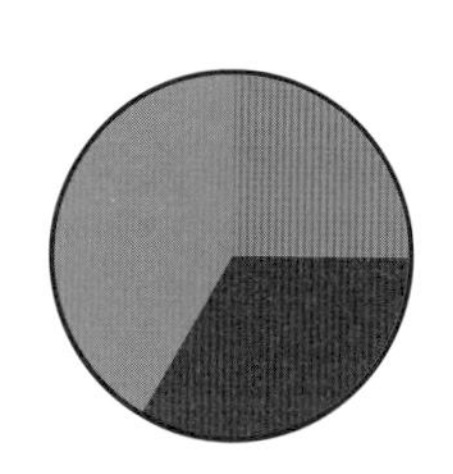

効果＞パスファインダー＞追加

アピアランスパネルで手順3の線を選択して適用。

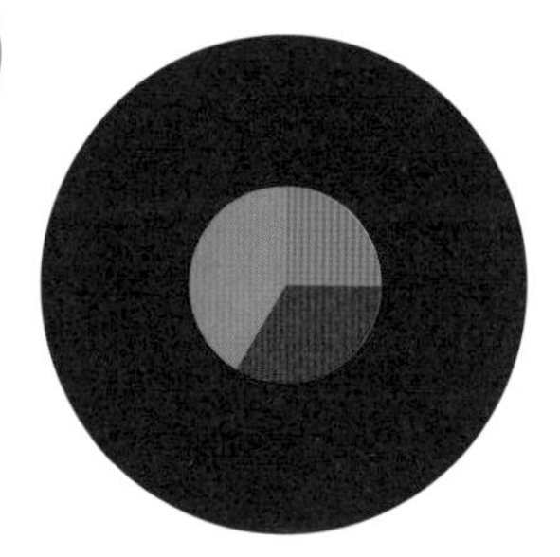

線幅を太くする

中心のくり抜く部分以外が隠れるまで線幅を太くする。

2 グラフデータの入力例

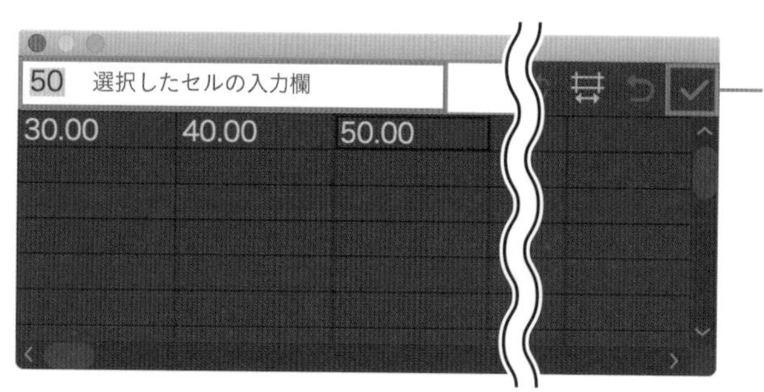

入力後に
適用をクリック

適用をクリックした後は、このウィンドウは閉じて大丈夫です。数値を変更する場合は、グラフオブジェクトを選択し、オブジェクト＞グラフ＞データ（もしくは右クリックのメニューからデータ）からおこないます。

STEP 7

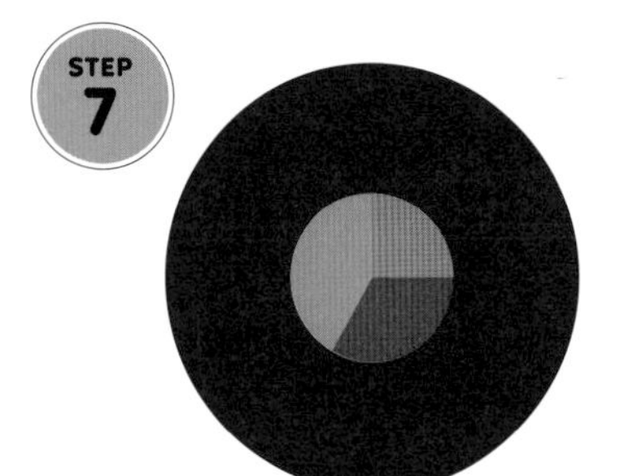

効果＞パス＞パスのアウトライン

アピアランスパネルで手順6の線を選択して適用。

STEP 8 完成！

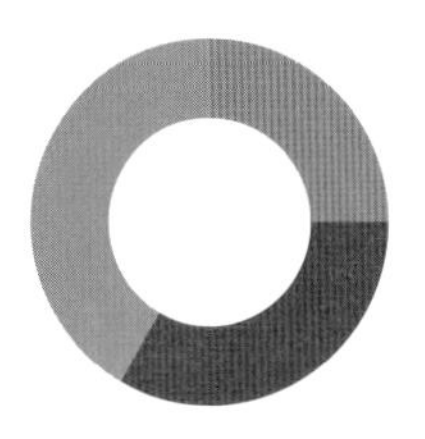

効果 切り抜き

効果＞パスファインダー＞切り抜きを適用し、「内容」の下に移動。

MEMO

p123のように色の間に隙間を空けたい場合は、「切り抜き」の下に 効果＞パス＞パスのオフセット をマイナスで適用。

アピアランスパネル

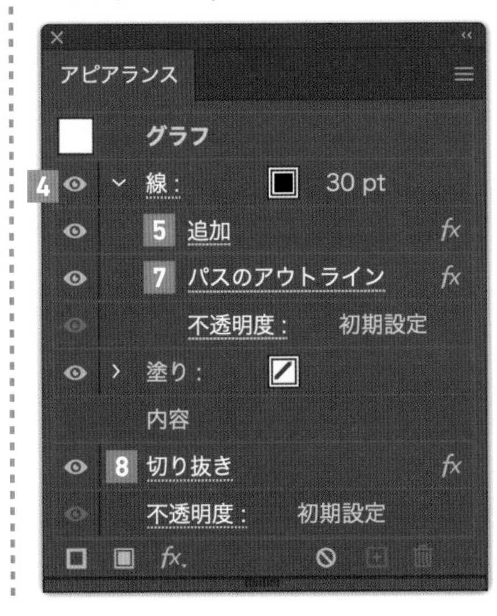

解説

グラフオブジェクトの扱い

グラフツールで作成したオブジェクトは、選択してもバウンディングボックスが表示されません。

大きさを変形させる場合は、拡大・縮小ツール（S）を使用してください。

また、グループ解除をすることで通常のパス状態にできますが、代わりに数値入力でのグラフの変化ができなくなります。

今回のレシピのようにアピアランスで加工をしている場合、グループを解除するとアピアランスはすべて解除されてしまいます。この場合は オブジェクト＞アピアランスを分割 でパス化してください。

RECIPE
42

数値に合わせてイラストが伸びる！

棒グラフ

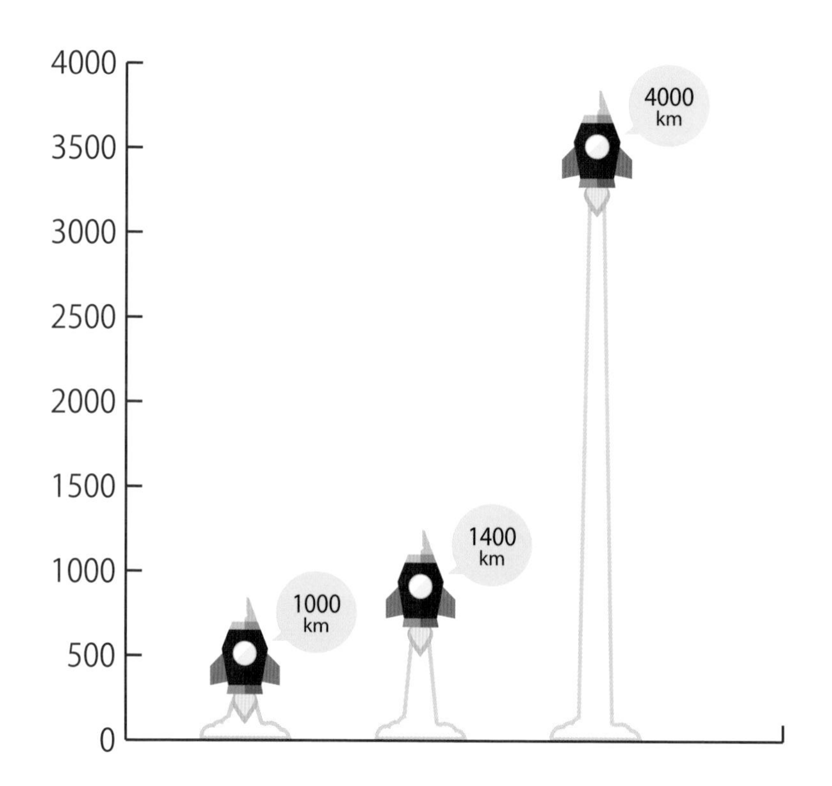

ここがポイント

イラレで作成した棒グラフは、じつはグラフ部分にイラストを適用することができます。数値表示なども可能です。

動画でも解説！

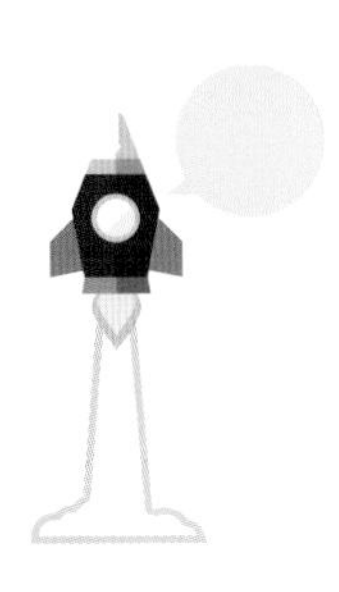

イラストを用意

棒グラフとして伸ばすイラストを用意。

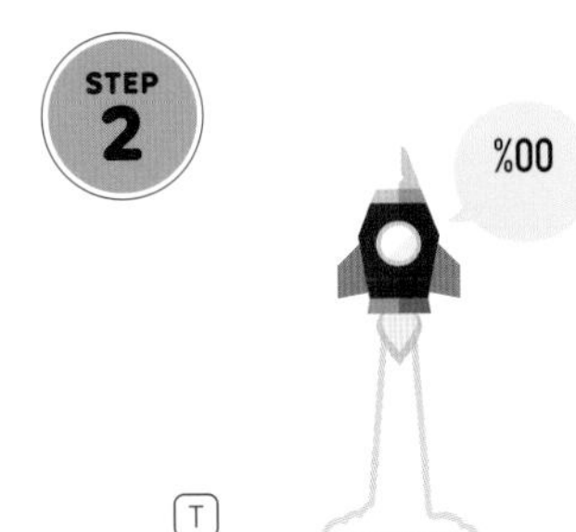

T

フキダシの上に「%00」と入力

フキダシの上に、テキストで「%00」と入力。

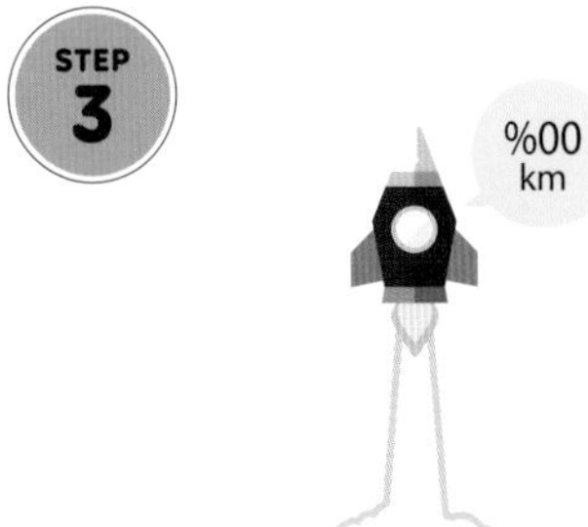

単位は別オブジェクトで配置

単位などをつける場合は、改行ではなく別オブジェクトとして配置。

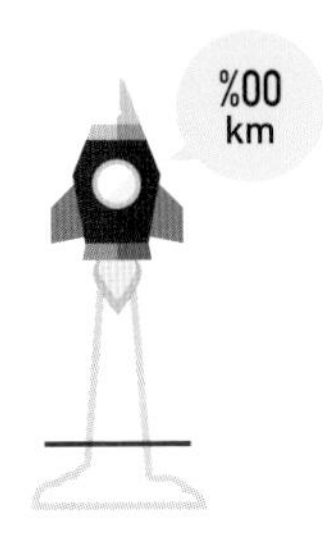

¥

伸ばす部分に直線を描く

グラフで伸ばしたい部分に、水平線を描く。

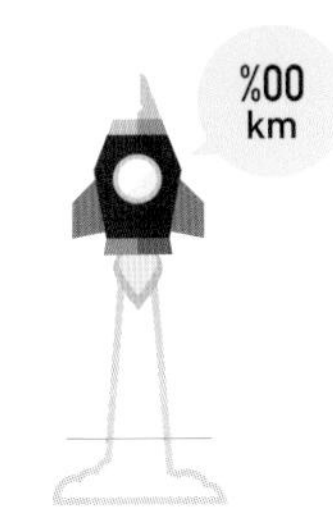

⌘(Ctrl) 5

直線からガイドを作成

直線を選択し、表示>ガイド>ガイドを作成。

STEP 6

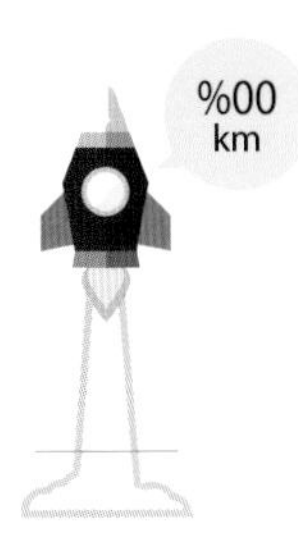

Option(Alt) ⌘(Ctrl) ;

ガイドをロック解除

表示>ガイド>ガイドをロック解除でガイドを選択できる状態に。

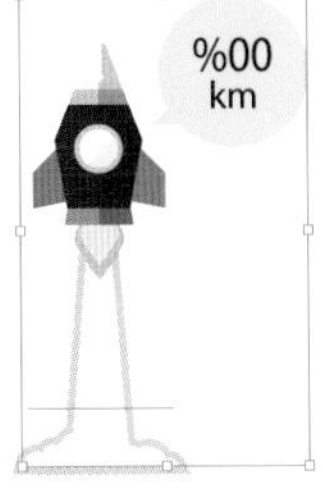

Option(Alt) ⌘(Ctrl) /

グラフのデザインに登録

全選択し、オブジェクト>グラフ>デザインから新規デザインをクリック。

7 グラフのデザイン

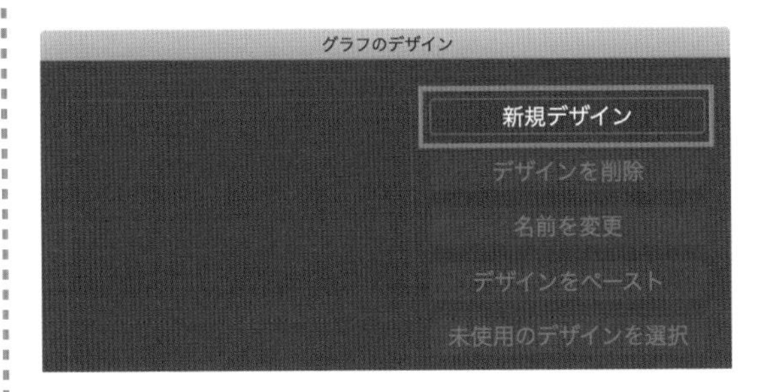

手順5で作成したガイド線も選択するのを忘れずに。

STEP 8

棒グラフツール

棒グラフツールでグラフを作成。グラフの扱いはp124参照。

STEP 9

棒グラフ設定を開く

グラフを選択し、オブジェクト>グラフ>棒グラフ を開く。

STEP 10 完成！

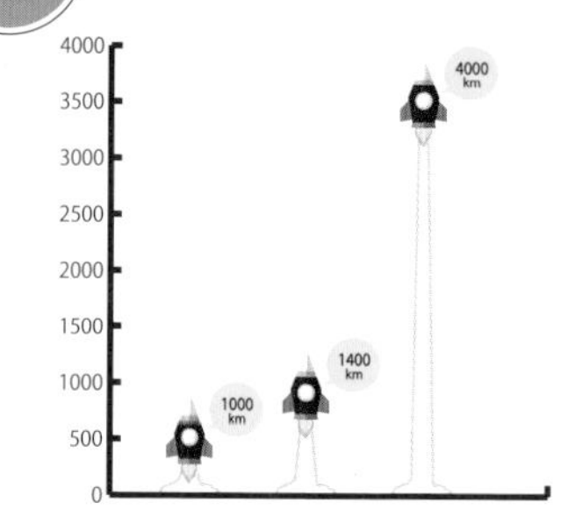

棒グラフのデザインを変更

新規デザインを選択し、棒グラフ形式を「ガイドライン間を伸縮」に。

8 棒グラフ設定

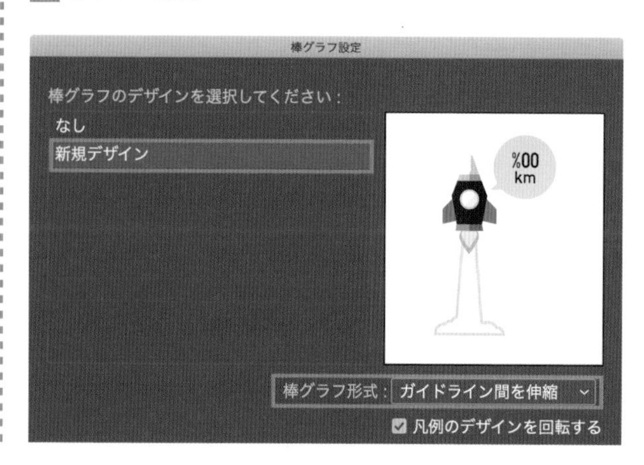

解説

%00の意味は？

%の隣の数には意味があります。左側の数字は「小数点より左側の数値の桁数」の設定で、「0」は入力したとおりの数値を、「3」にした場合は100の位まで数字が表示されます。右側の数字は「小数点より右側の桁数」の設定で、「0」の場合は整数を、「2」の場合は小数第二位まで表示され、それ以下は四捨五入されます。

データが123.456の場合

%00 → 123

%32 → 123.46

RECIPE
43

手動調整はもうおさらば！　日付を動かせる

カレンダー

日	月	火	水	木	金	土
		1	2	3	4	5
6	7	8	9	10	11	12
13	14	15	16	17	18	19
20	21	22	23	24	25	26
27	28	29	30	31		

ここがポイント

スレッドテキストオプションを活用することで、改行するごとに次のボックスに数字を移動させることができます。

動画でも解説！

表計算ソフトでテキストを作成する　※作例はNumbers

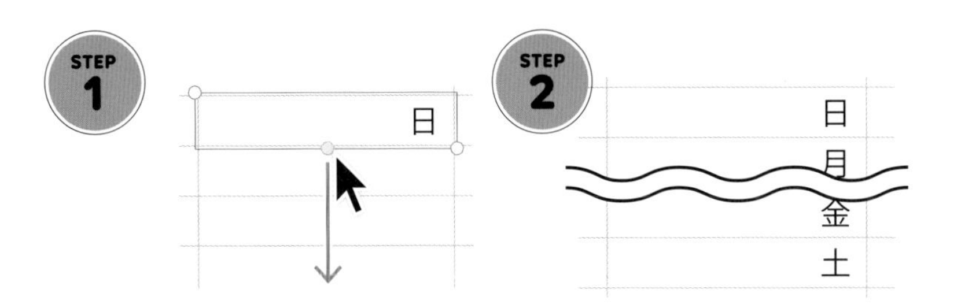

「日」を入力して黄丸をドラッグ

セルに「日」と入力してセルを選択。黄色い丸を下に向かってドラッグ。

「土」までドラッグする

ドラッグすると「日」以降の曜日が入力されるので、「土」までドラッグ。

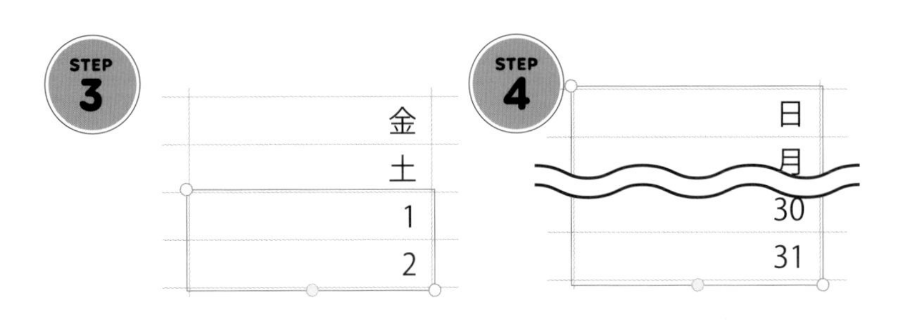

下に「1」「2」を入力して選択

「土」に続けて1、2を入力し、数字のセルだけ選択する。

「31」までドラッグしてコピー

黄色い丸を31が出るまでドラッグ。「日」から「31」までを選択しコピー。

MEMO

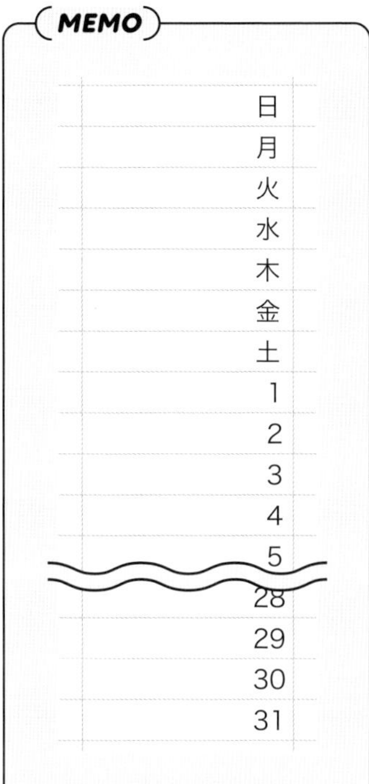

手順1〜4は、曜日と日付の数値を一列に並べたテキストをあらかじめ用意しておくためにおこないます。

Illustratorでカレンダーのオブジェクトを作る

STEP 1

M

正方形を描く

長方形ツールで正方形を描く。

STEP 2

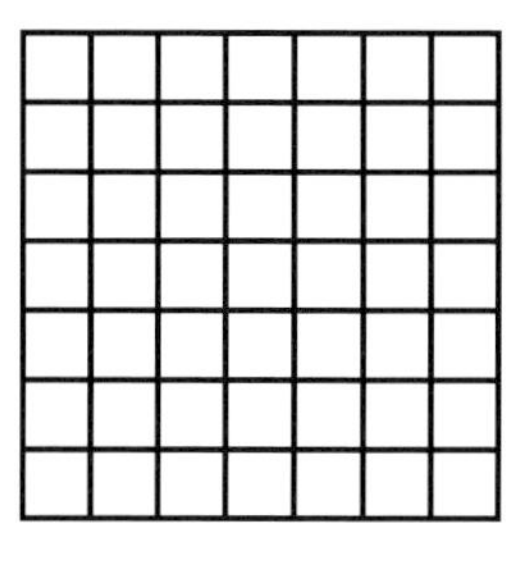

グリッドに分割で行列7段に

オブジェクト＞パス＞グリッドに分割 で、行列の段数を7、間隔を0に。

STEP 3

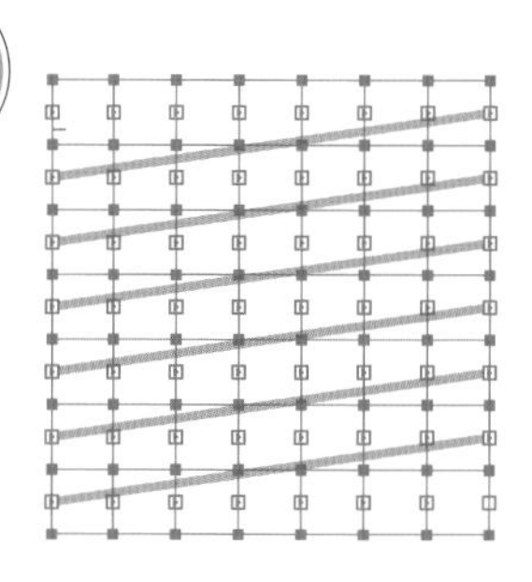

スレッドテキストオプション

全選択し、書式＞スレッドテキストオプション＞作成。

STEP 4

日	月	火	水	木	金	土
1	2	3	4	5	6	7
8	9	10	11	12	13	14
15	16	17	18	19	20	21
22	23	24	25	26	27	28
29	30	31				

テキストをペースト

コピーしておいた日時のテキストを、スレッドの中にペーストする。

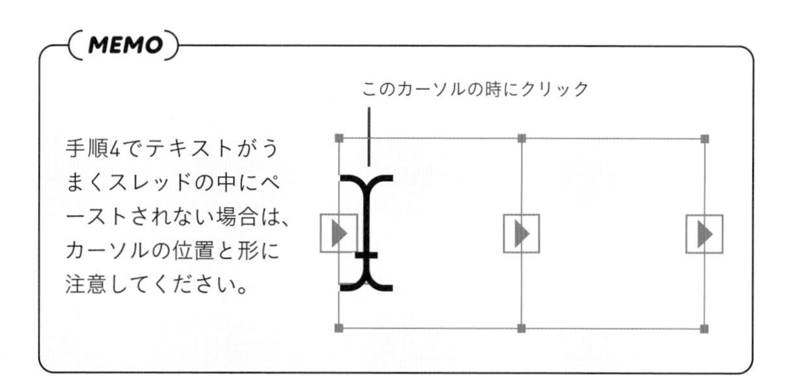

2 グリッドに分割

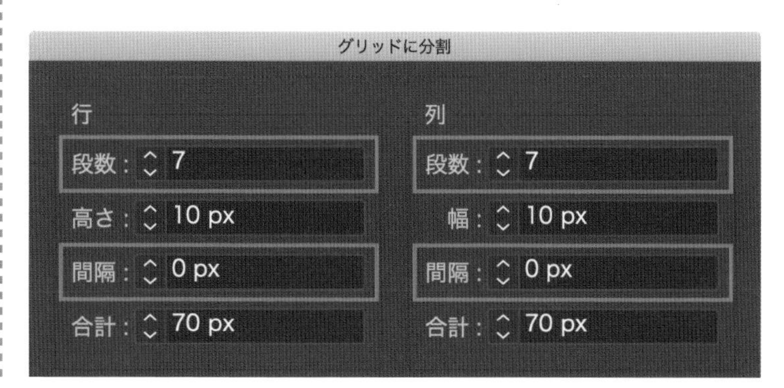

段数を入力すると間隔の数値が自動的に変動する場合があります。0に直すのを忘れずに。

アピアランスを設定する

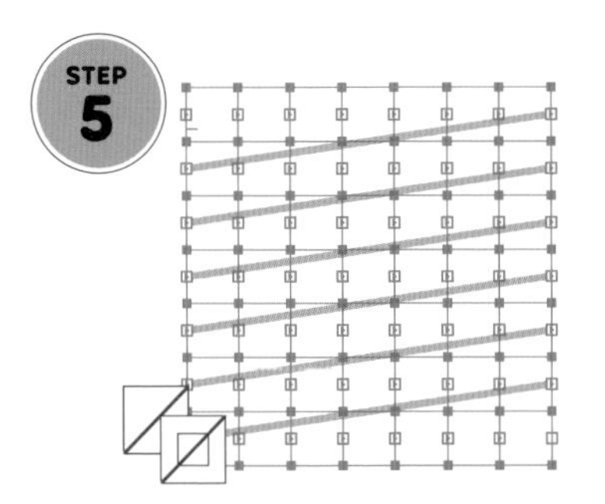

塗りをなしに

全選択し、塗りをなしにする。

日	月	火	水	木	金	土
1	2	3	4	5	6	7
8	9	10	11	12	13	14
15	16	17	18	19	20	21
22	23	24	25	26	27	28
29	30	31				

⌘(Ctrl) /

新規塗りを追加

アピアランスパネルから新規塗りを追加。

日	月	火	水	木	金	土
1	2	3	4	5	6	7
8	9	10	11	12	13	14
15	16	17	18	19	20	21
22	23	24	25	26	27	28
29	30	31				

土日祝のスレッドの色を変更

右端の列を選択し、塗りを青に変更。同様に左側と祝日を赤に変更。

STEP 8 完成！

日	月	火	水	木	金	土
→			1	2	3	4
5	6	7	8	9	10	11
12	13	14	15	16	17	18
19	20	21	22	23	24	25
26	27	28	29	30	31	

改行で日付の位置を調整

「1」の手前で改行すると、日付の位置を調整できます。

6 アピアランスパネル

「文字」とは別で「塗り」が出るようになるよう注意。

Chapter 4 タイポグラフィ

手作業でたくさんの文字を飾るのはとても時間がかかりますが、アピアランスであれば大量の文字を一括で、何度でも修正ができます。
この章ではテキストの状態のまま、アピアランスで飾り文字を作成する方法をご紹介します。

RECIPE
44

文字をコピーせずに作れる！

版ずれ文字

ここがポイント

アピアランスは塗りと線で別々に効果を適用できるので、片方だけ位置をずらせます。

動画でも解説！

STEP 1

テキストを用意

作例はAdobe FontsのDuos Round Pro Black、30pt。

STEP 2

塗りをなしにする

塗り線をなしにして無色の状態に。

STEP 3

新規塗りと線を追加

アピアランスで新規塗りと線を追加。線を黒に、塗りを文字の色に。

STEP 4 完成！

効果＞パスの変形＞変形

塗りを選択し、効果 変形 を適用。移動を水平垂直とも1px程度にする。

アピアランスパネル

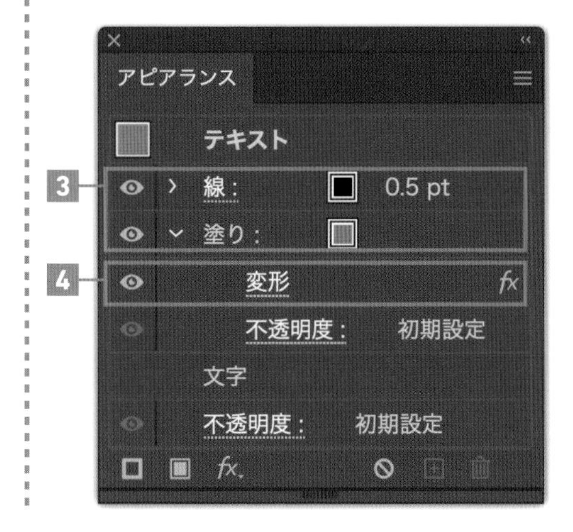

MEMO

重なった文字の線をつなげたい時は、アピアランスで線を選択した状態で 効果＞パスファインダー＞追加 を適用します。

解説

最初に塗りをなしにする理由

アピアランスパネルの「文字」をダブルクリックするとテキスト本来の塗り線が表示されます。これは、新規追加した塗り線とは別の扱いです。文字の塗りはそのまま使ってもいいのですが、別の塗りが上に乗っていると塗りが二重になってしまい、気づかずに作業を進めてしまう恐れがあります。特に理由がなければ最初の塗りはなしにしましょう。

RECIPE
45

文字やブラシを
分割しないままできる!

反転した文字

ここがポイント

効果のパスファインダーは「見た目」だけを加工するため、元の文字やブラシを壊さず結合したい時に便利です。

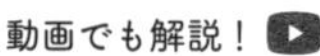

STEP 1

T

テキストを用意

作例はA-OTF 見出ミンMA31 Pr6N MA31。

ブラシで飾りを描く

ウィンドウ＞ブラシライブラリ＞アート＞木炭・鉛筆＞木炭（荒い）。

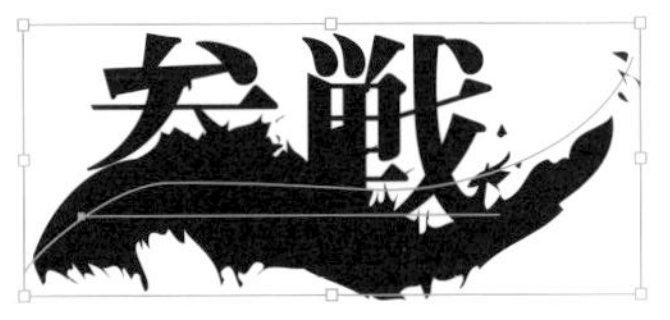

⌘(Ctrl) G

グループ化

全選択し、グループ化する。

STEP 4 完成！

効果＞パスファインダー＞中マド

効果＞パスファインダー＞中マド を適用して完成。

2 ブラシライブラリ

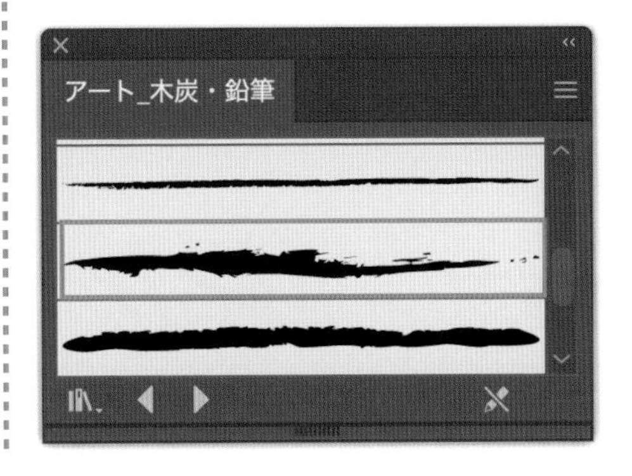

解説

ブラシは見た目（アピアランス）の上では塗り扱いに

ブラシを通常のパスファインダーで結合した場合は、元のパスで結合した後でブラシが適用されます。

しかし、アピアランス上で効果のパスファインダーを使用した場合は、ブラシの部分もパスとして結合の対象になります。

結合前のパス

通常の結合

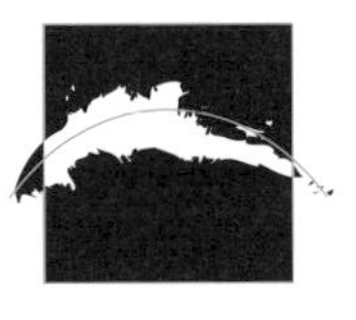

効果で結合

RECIPE
46

テキストに合わせて自動で伸びる！

アンダーライン

テキストに合わせて

アンダーラインが伸びていく

ここがポイント

効果 長方形 で文字に比例した幅の長方形を描き、効果 変形 で高さを0になるまで潰すことで直線が描けます。

動画でも解説！

山路を登りながら

T

テキストを用意

作例はAdobe FontsのA-OTF 中ゴシックBBB Pr6N Med、12pt。

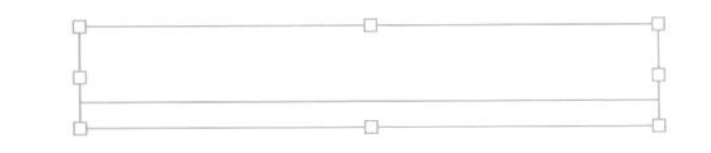

/

塗りをなしにする

塗り線をなしにして透明の状態に。

山路を登りながら

新規塗りと線を追加

アピアランスパネルで新規塗りと線を追加。どちらも色を黒に。

STEP 4

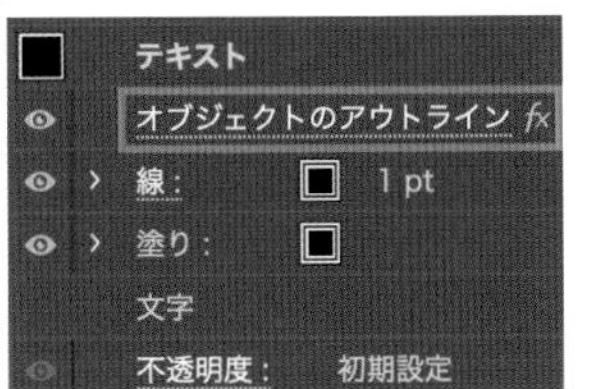

効果 オブジェクトのアウトライン

効果＞パス＞オブジェクトのアウトライン を適用。一番上になるように。

STEP 5

山路を登りながら

効果＞形状に変換＞長方形

線を選択して適用。「値を追加」で幅0pt、高さ4pt。

STEP 6 完成！

効果＞パスの変形＞変形

手順5の下に適用。拡大・縮小の垂直を0%に、基準点を下中央に変更。

アピアランスパネル

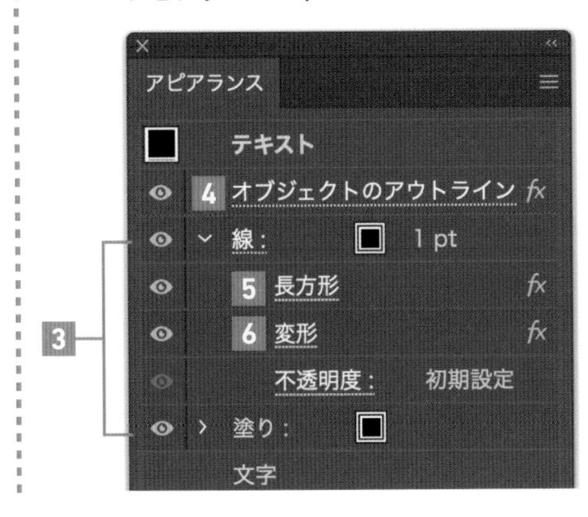

6 変形効果

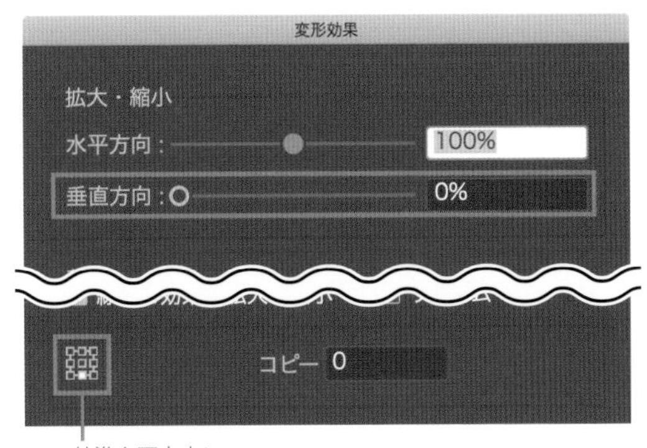

効果 オブジェクトのアウトラインのメリット

アウトライン化することで、フォントは文字の形状をしたパスに変換することができます。効果 オブジェクトのアウトラインは、フォントはフォントのまま、アピアランス上で擬似的にアウトライン化したことにしてくれる効果です。

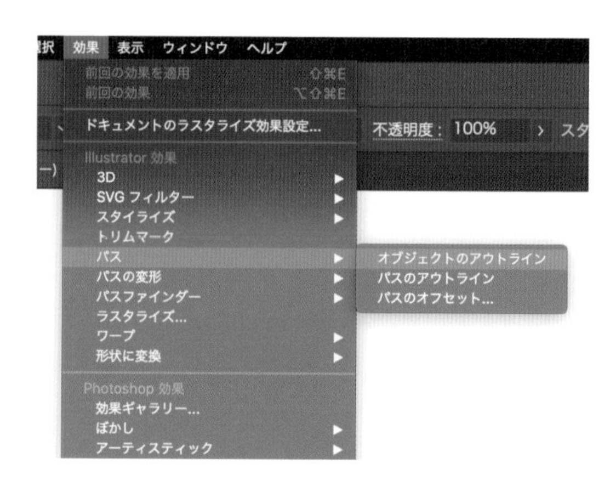

文字をアウトライン化しても見た目は変わらないのと同様に、効果 オブジェクトのアウトライン をかけても見た目は変化しません。これは他の効果と組み合わせたときに意味があります。

文字オブジェクトを選択すると、バウンディングボックスの下に余白ができる場合があります。

アウトラインなし

アウトラインあり

今回のレシピの効果 長方形はこのバウンディングボックスを基準にするため、余白も反映されてしまいます。

しかし、「オブジェクトのアウトライン」を適用すると疑似的にアウトライン化したことになるため、文字の形状ぴったりの長方形にすることができます。

「アウトライン化したらアピアランスが崩れてしまった！」という印刷事故がよくあります。これはアウトライン前と後で、文字のバウンディングボックスのサイズが変化することが原因のケースが多いです。そのため、「オブジェクトのアウトライン」を適用し、アウトライン化した状態でアピアランスを組んでおくことで、事故を防げます。

RECIPE
47

カラフルなロゴが作れる！

フチ文字

SAMPLE
TEXT

ここがポイント

アピアランスの「塗り」は単色しかできませんが、元々の「文字」の色を活用することで、文字ごとに色分けすることができます。

動画でも解説！

STEP 1

T

色分けしたテキストを用意

作例はAdobe FontsのBungee Regular、22pt。

STEP 2

⌘(Ctrl) /

新規塗りを追加

アピアランスパネルで新規塗りを追加。

STEP 3

追加した塗りを「文字」の下へ

アピアランスパネルで追加した「塗り」を「文字」の下に移動させる。

STEP 4

効果＞パス＞パスのオフセット

塗りを選択し、効果 パスのオフセット を適用。オフセット3pt。

STEP 5

文字
塗り：
パスのオフセット
分割
不透明度： 初期設定
不透明度： 初期設定

効果＞パスファインダー＞分割

塗りを選択し、効果＞パスファインダー＞分割 を適用。

STEP 6

「分割」のオプションを外す

適用した「分割」をクリックし、詳細オプションを外す。

6 分割のオプション

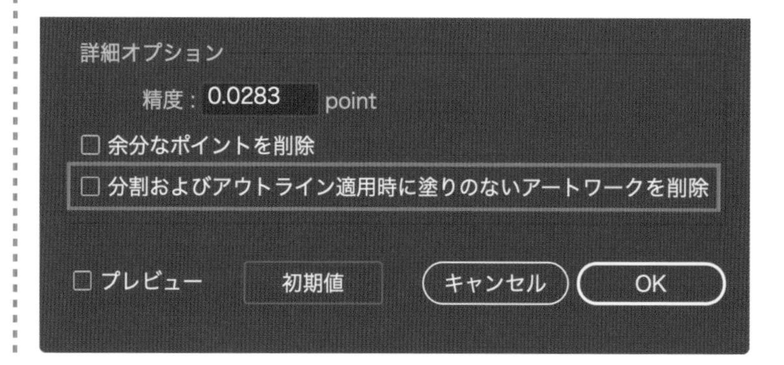

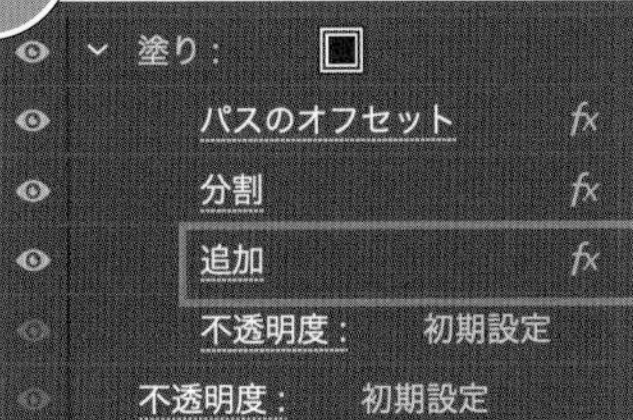

効果 追加を適用

塗りを選択し、効果＞パスファインダー＞追加 を適用。

塗りを複製して色を白に

「塗り」をOption（Alt）を押しながらドラッグして複製。上の塗りを白に。

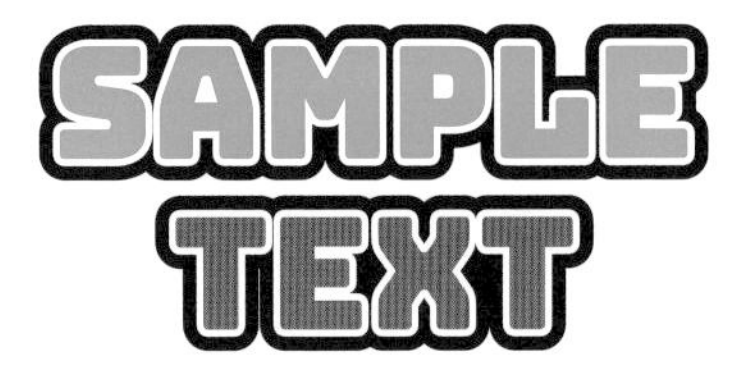

オフセットの数値を小さく

白い塗りのパスのオフセットの数値を少し小さくして完成。

アピアランスパネル

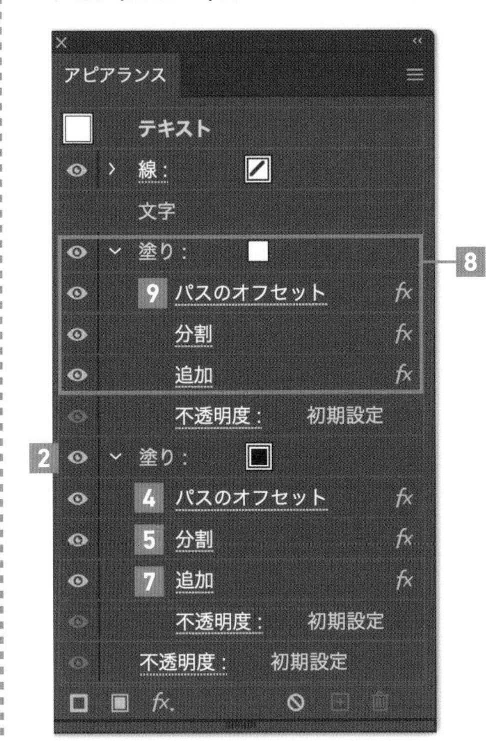

解説

「文字」の塗り線を活かす

アピアランスで追加した塗り線では、文字ごとに色を切り替えることができません。複数の塗りを使用する場合はアピアランスパネルの「文字」を活用します（文字以外のオブジェクトの場合は「内容」になります）。

「版ずれ文字（p134）」の解説で述べたとおり、「文字」にはテキストオブジェクトの元々の塗り線が格納されています。この「文字」も他の塗り線や効果と同様に、アピアランスパネル内で順番を入れ替えることで、塗り線より上に移動させることで最前面に表示できます。

RECIPE
48

打ち替えても色はそのまま！

交互に色が変わる文字

テキスト！
打ち替え可

ここがポイント

スレッドテキストオプションのスレッド自体にアピアランスを適用すれば、中の文字が変わっても色は維持されます。

動画でも解説！

STEP 1

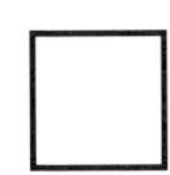

[M]

フォントサイズの正方形を描く

長方形ツールで、つくりたい文字と同じサイズの正方形を描く。

STEP 2

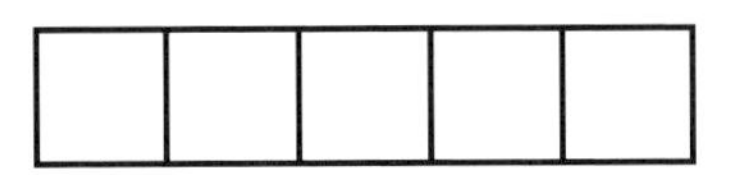

[Shift] [Option(Alt)] [ドラッグ]

入力する文字数だけコピー

正方形を横に接するよう移動コピー。

STEP 3

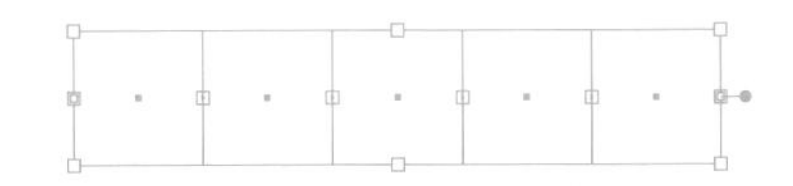

スレッドテキストオプション

全選択し、書式＞スレッドテキストオプション＞作成。

STEP 4

テキスト！

[T]

テキストを入力

スレッドの中にテキストを入力。フォントやサイズを整える。

STEP 5

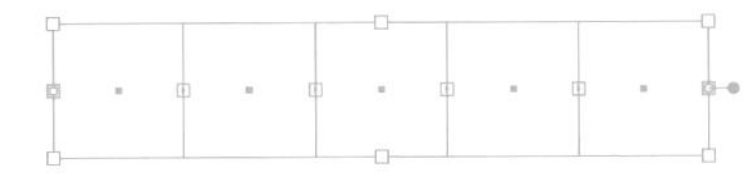

[/]

塗りをなしに

文字の塗りをなしにして透明に。

STEP 6

テキスト！

[⌘(Ctrl)] [/]

新規塗りを追加

アピアランスパネルで新規塗りを追加。色を変更。

STEP 7 完成！

テキスト！

1つ飛ばしで色を変更

1つ飛ばしで正方形を選択し、色を変更して完成。

MEMO

最後のスレッドに「。」「！」などが入ると、文字が消える場合があります。その際は全選択し、段落パネルの禁則処理を「なし」に変更しましょう。

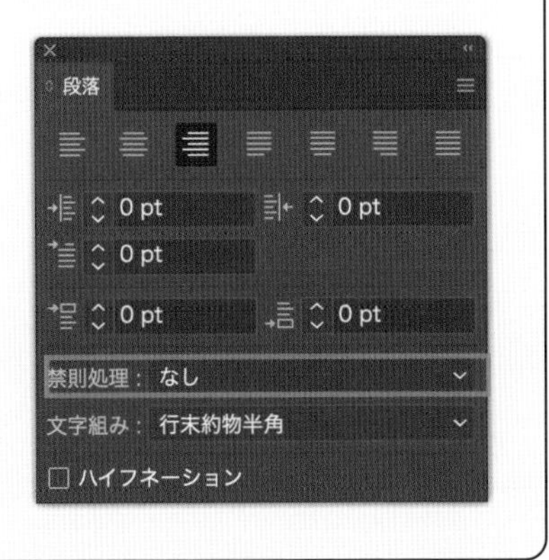

RECIPE
49

二重オフセットで滑らかな曲線に！
まるっとした フチ文字

ここがポイント

効果 パスのオフセット を二重に適用することで、パスの角だけを滑らかな曲線に加工することができます。

動画でも解説！

まるっとした

T

テキストを用意

作例はAdobe FontsのDNP 秀英丸ゴシック Std、14pt。

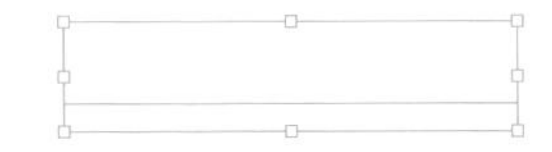

/

塗りをなしにする

塗り線をなしにして透明の状態に。

まるっとした

⌘(Ctrl) /

新規塗りを2つ追加

アピアランスで新規塗りを2つ追加し、上を文字色に、下をフチ色に。

STEP 4

まるっとした

効果＞パス＞パスのオフセット

下の塗りに適用。角の形状はラウンドに。作例では7pt。

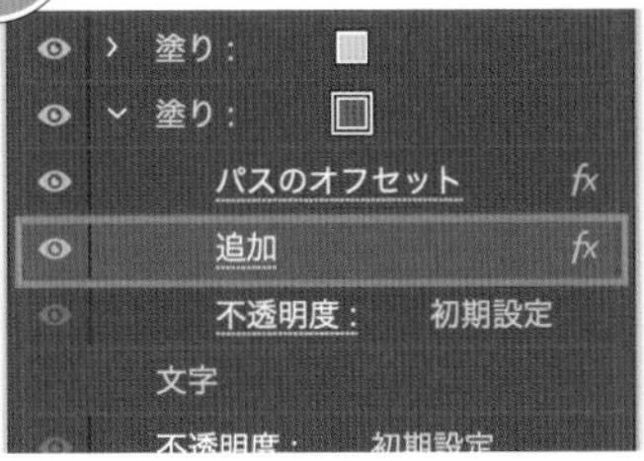

効果＞パスファインダー＞追加

下の塗りを選択して適用。

STEP 6

まるっとした

パスのオフセットを複製

手順4の「パスのオフセット」を「追加」の下にOption（Alt）＋ドラッグ。

4 パスのオフセット

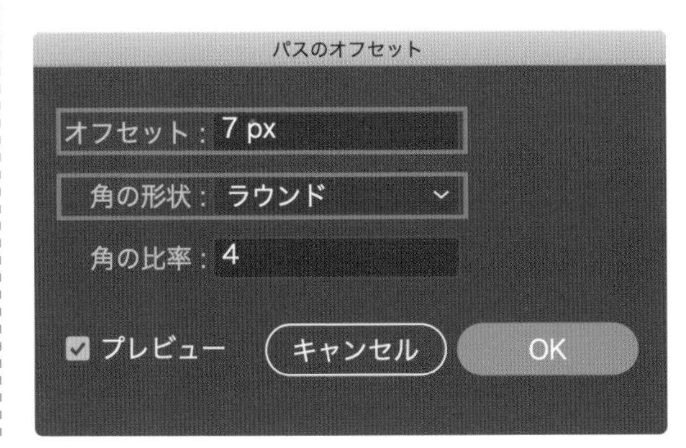

Shift T

パスのオフセットの数値を変更

手順6のオフセットをクリックし、小さい負の数値に。作例では-3.5pt。

文字タッチツールで調整

文字パネルから文字タッチツールを選択。バランスを調整して完成。

アピアランスパネル

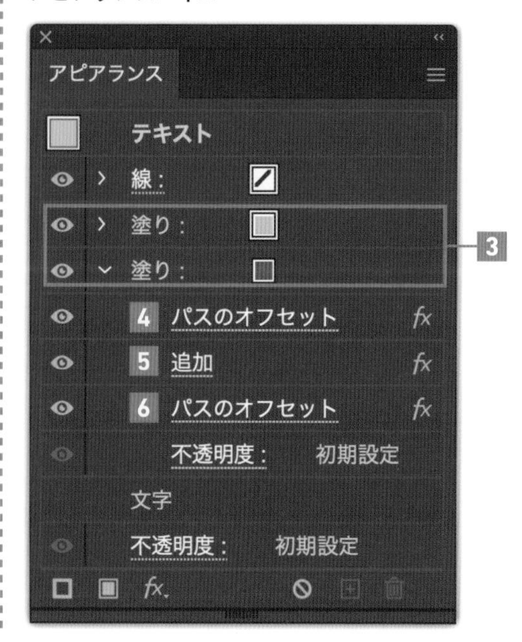

MEMO

文字タッチツールの使い方

変形させたい文字を文字タッチツールでクリックし、以下のような選択状態にします。

・文字をドラッグでベースラインシフトを変更。
・ボックスの角の丸をドラッグで垂直・水平比率を変更。
・ボックス上の浮いた丸をドラッグで文字を回転。

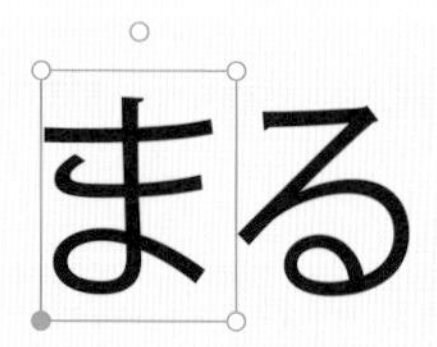

解説

2種類のパスのオフセット

オブジェクトのオフセットと効果のオフセット

パスのオフセットは2種類あります。1つは オブジェクト＞パス＞パスのオフセット。もう1つは今回使用した 効果＞パス＞パスのオフセット です。どちらも変形のしかたは同じですが、前者は元のオブジェクトとは別に拡張したオブジェクトをコピーするのに対し、後者は適用したオブジェクトを直接太らせる点が異なります。

オブジェクトのオフセット

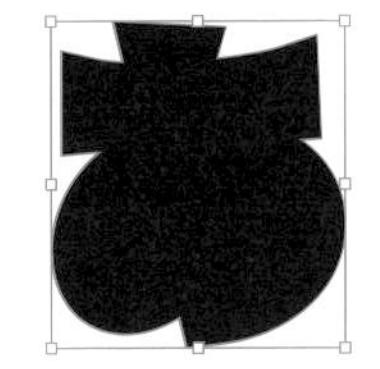
効果のオフセット（アピアランスを分割）

二重オフセットと「追加」の意味

オフセットの角の形状をラウンドにすると、拡大方向に向いている角を丸くすることができます。まず外向きに尖っている部分を＋の数値のオフセットで丸くし、内側に尖っている部分を－のオフセットで丸くします。

しかし、これだけでは文字と文字の境目にある角が丸くなりません。なぜなら文字はそれぞれ別オブジェクトの扱いだからです。そのため、今回は最初のオフセットで文字が重なった状態で、パスファインダーで結合をしています。

追加なし

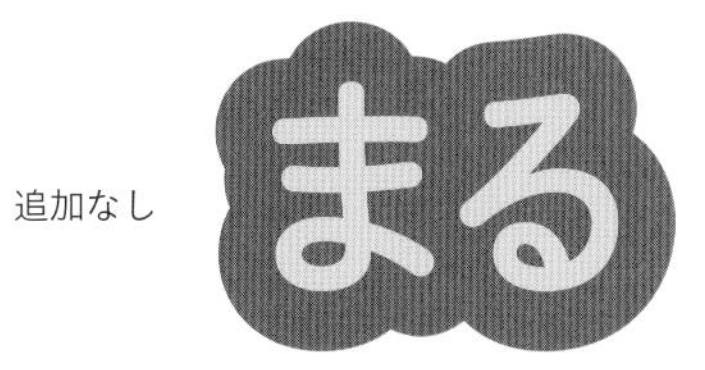

追加あり

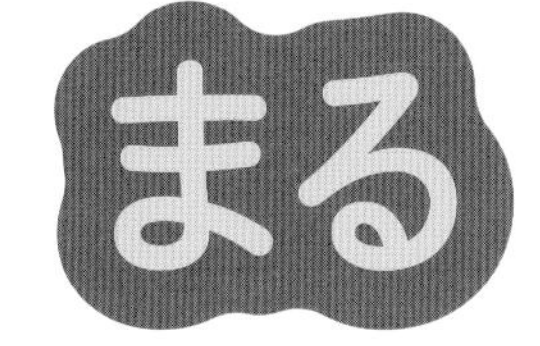

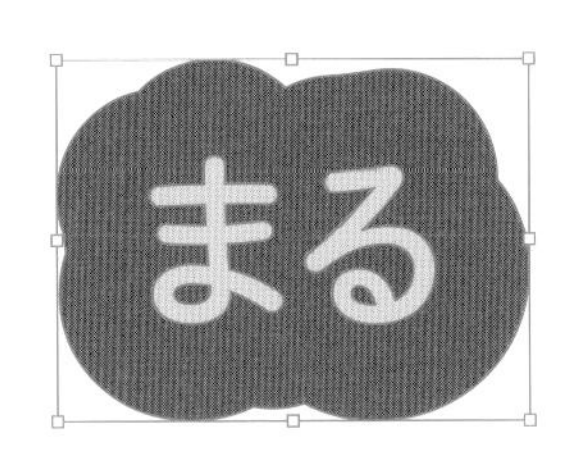

手順4　パスのオフセット

手順5　追加

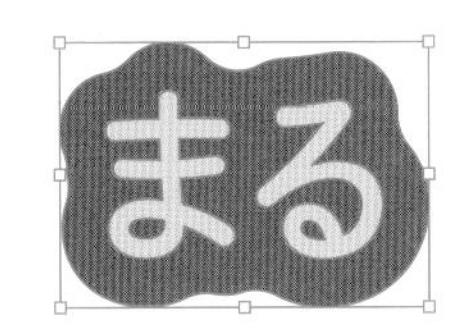

手順7　パスのオフセット

RECIPE
50

文字が立体的なイラスト風に！

アイソメトリック文字

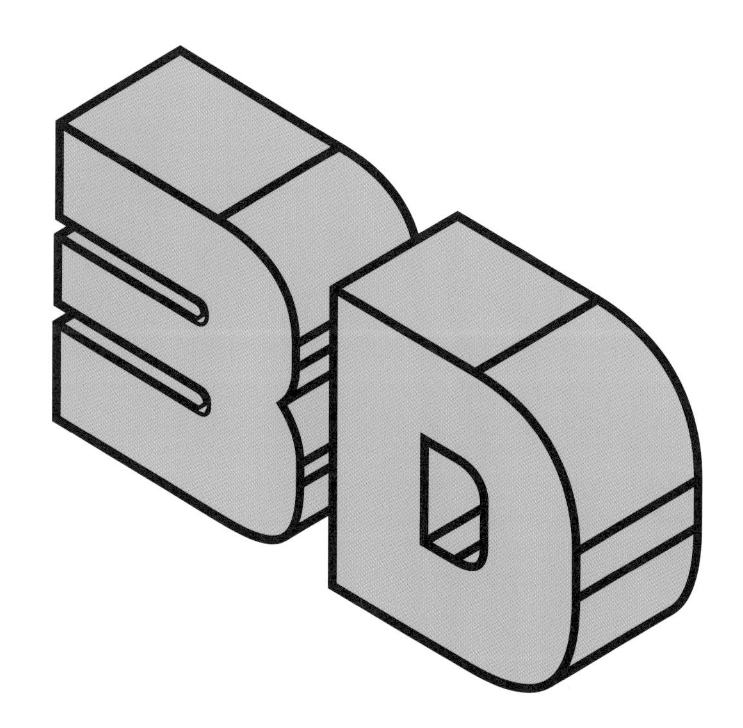

ここがポイント

効果 パスのオフセット で塗り同士の間に隙間を作ることで、擬似的に線のような見た目を作成できます。

動画でも解説！

STEP 1

T

テキストを用意

作例はAdobe FontsのVDL ロゴJrブラック BK、50pt。

STEP 2

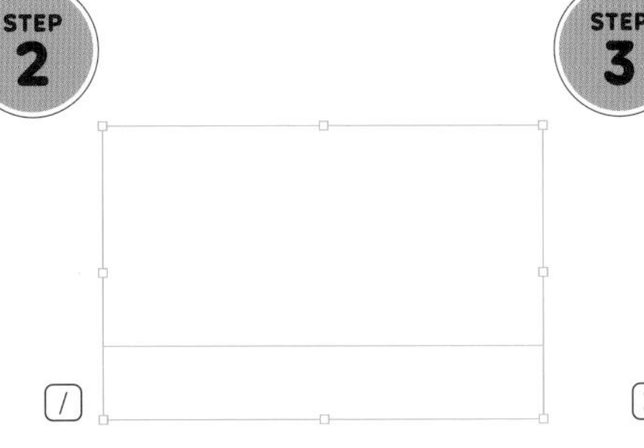

/

塗りをなしに

塗りをなしにして、透明の状態に。

STEP 3

⌘(Ctrl) /

新規塗りを追加

アピアランスパネルから新規塗りを追加。

STEP 4

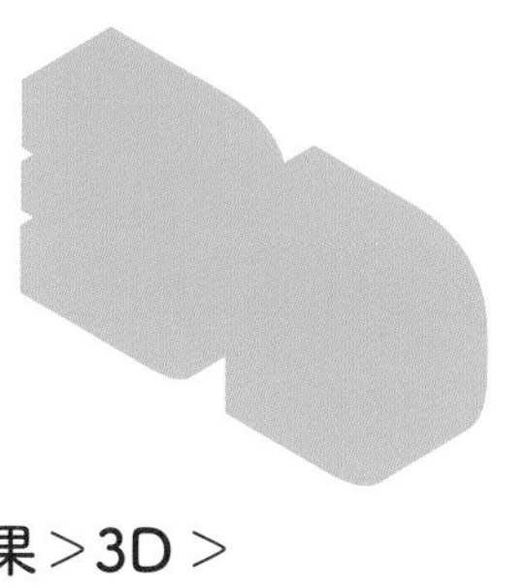

効果＞3D＞押し出し・ベベル

塗りに適用。位置をアイソメトリック法 - 左面 に。押し出しの奥行きを20pt、表面を「陰影なし」に。

4 3D押し出し・ベベルオプション

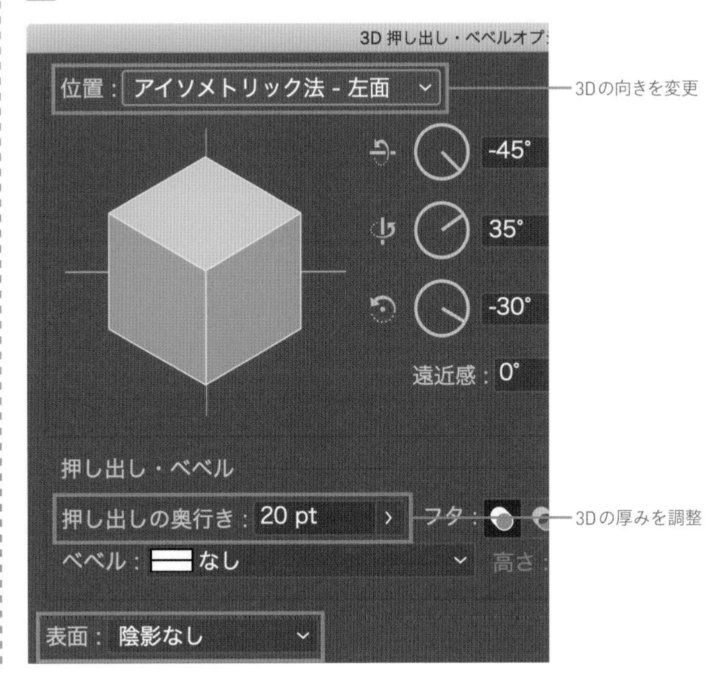

STEP 5

効果＞パスファインダー＞刈り込み

塗りを選択して適用し、「3D 押し出し・ベベル」の下に移動させる。

効果＞パス＞パスのオフセット

塗りを選択して少しだけ縮小。作例では-0.5px。

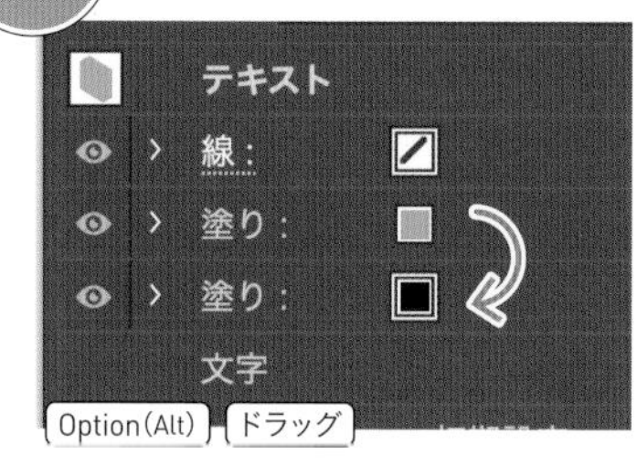

塗りを複製し、下の色を黒に

塗りをOption（Alt）＋ドラッグで複製し、下の塗りを黒に変更。

STEP
8

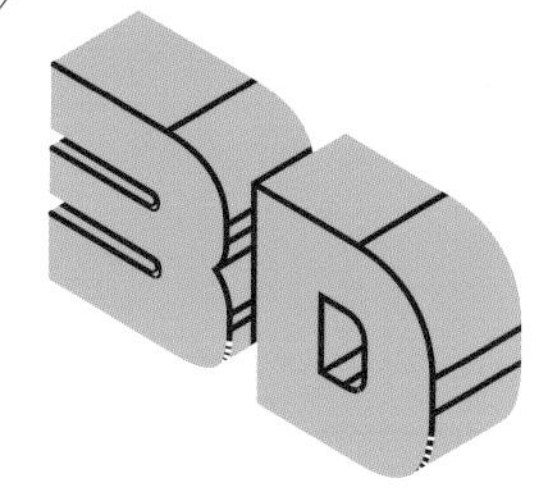

「刈り込み」を「追加」に変更

黒い塗りの「刈り込み」をクリックし、処理を「追加」に変更する。

STEP
9
完成！

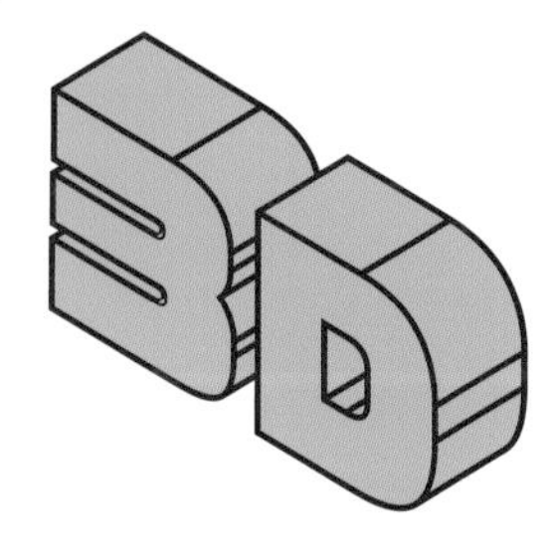

オフセットの値から-を削除

黒い塗りの「パスのオフセット」の数値から-を削除で完成。

アピアランスパネル

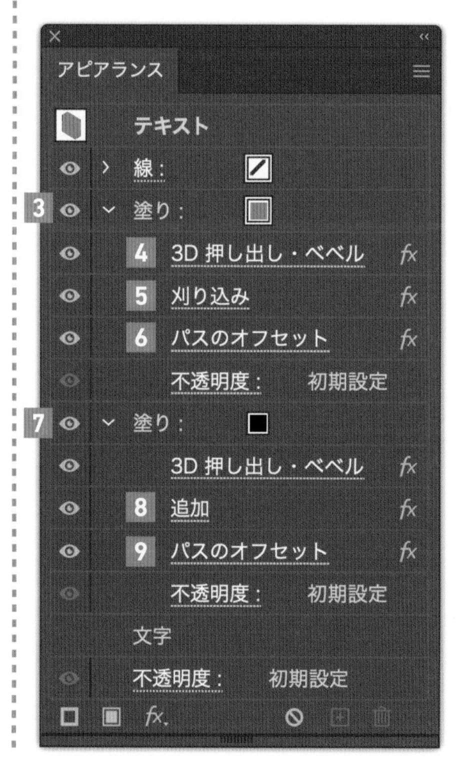

RECIPE
51

普通のフォントがクラシックな雰囲気に早変わり！

型抜き文字

DESSERT

DESSERT

ここがポイント

効果のパスファインダーを文字に適用すると失敗しがちですが、「複合シェイプ」と組み合わせるとイメージ通りの結合ができます。

動画でも解説！

STEP 1

DESSERT

T

テキストを用意

作例はAdobe FontsのFairwater Solid Serif Regular、50pt。

STEP 2

トラップ...
パスファインダーの繰り返し
パスファインダーオプション...
複合シェイプを作成
複合シェイプを解除
複合シェイプを拡張

複合シェイプを作成

選択し、パスファインダーパネルのメニューから複合シェイプを形成。

STEP 3

アピアランス
複合シェイプ
塗り：
線：
塗り：

⌘(Ctrl) /

新規塗りを追加

アピアランスパネルで新規塗りを追加し、上を文字色に変更。

効果＞パス＞パスのオフセット

上の塗りに適用。オフセットの数値は-2px。

DESSERT

← 少し左にずらしてコピー

効果＞パスの変形＞変形

手順4の下に適用。水平方向に-4px移動し、コピーを1に。

DESSERT

効果＞パスファインダー＞交差

手順5の「変形」の下に適用。

2 パスファインダーパネル

DESSERT

効果＞パスファインダー＞中マド

適用し、アピアランスパネルの一番下に移動させて完成。

アピアランスパネル

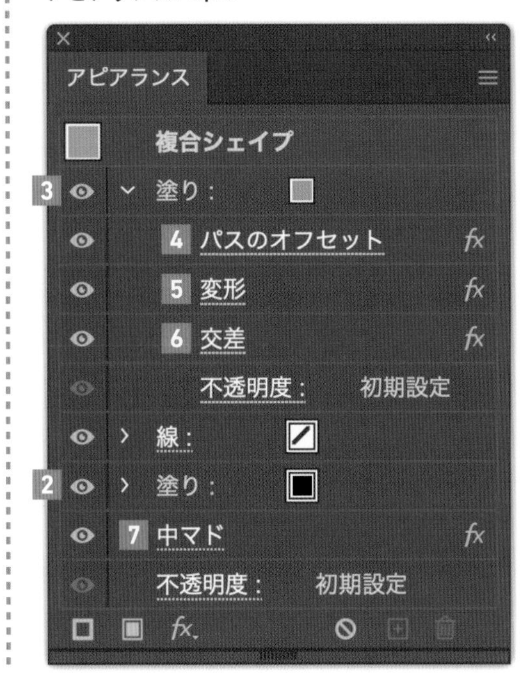

効果 変形＋コピーと効果 パスファインダーは相性がいい

塗り線の中に効果のパスファインダーを適用しても、塗り線単体にしか適用されないため意味がありません。しかし効果 変形でコピーの数値を入れて動かすことで、塗り線の中に複数のオブジェクトを作り、そこに効果 パスファインダーを適用できます。

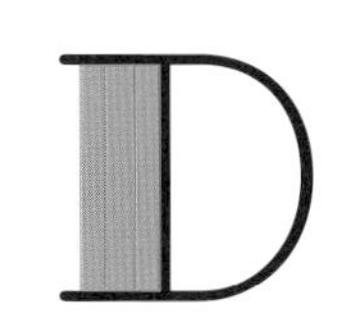

変形で茶色を横に移動コピー

2つの茶色をパスファインダー

RECIPE
52

複雑なデザインもかんたんに作れる！

影付きのロゴ

ここがポイント

普通に作ると手間のかかる文字加工も、アピアランスを使えば一括で処理できます。

動画でも解説！

STEP 1

CURRY

T

上段のテキストを用意

上段の文字のみを用意。作例はAdobe FontsのBirch Std、50pt。

STEP 2

トラップ...
パスファインダーの繰り返し
パスファインダーオプション...
複合シェイプを作成
複合シェイプを解除
複合シェイプを拡張

複合シェイプを作成

選択し、パスファインダーパネルのメニューから複合シェイプ化。

STEP 3

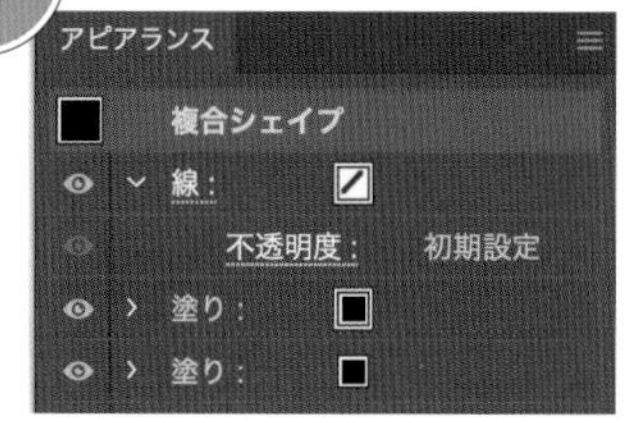

⌘(Ctrl) /

新規塗りを追加

アピアランスパネルで新規塗りを追加し、黒い塗りを2つにする。

STEP 4

CURRY

効果＞パス＞パスのオフセット

片方の塗りに適用。オフセットは1.5px程度、角の形状はラウンドで。

STEP 5

CURRY

効果＞パスの変形＞変形

手順4の下に適用。水平垂直両方を-0.1px移動し、コピーを1に。

STEP 6

CURRY

効果 背面オブジェクトで型抜き

手順5の下に、効果＞パスファインダー＞背面オブジェクトで型抜き。

STEP 7

CURRY

効果＞パス＞パスのオフセット

手順6の下に適用。オフセットは0.4px程度、角の形状はラウンドで。

アピアランスパネル

効果＞変形＞パスの自由変形

アピアランスパネルの複合シェイプを選択して適用。

Shift Option(Alt) ドラッグ

下にコピーしてテキスト修正

下に移動コピーし、テキストを「RICE」に修正。

STEP 10

パスの自由変形を修正

RICEのアピアランスパネルから、パスの自由変形を修正。

STEP 11 完成！

文字の水平比率を調整

文字パネルの水平比率を、CURRYは85%程度、RICEは120%程度に。

8 パスの自由変形

RECIPE
53

効果ワープだけであのカタチが作れる！

RPG風のロゴ

ここがポイント

効果 ワープの「変形」の数値を変えると、思う方向にゆがませられるようになります。他効果との組み合わせで、幅広い表現が可能です。

ロールプレイング

テキストを用意

作例はAdobe VDL ロゴJrブラック BK、50pt。

垂直比率を300%に

文字パネルから垂直比率を300%に変更。

STEP 3

トラップ...
パスファインダーの繰り返し
パスファインダーオプション...
複合シェイプを作成
複合シェイプを解除
複合シェイプを拡張

複合シェイプを作成

選択し、パスファインダーパネルのメニューから複合シェイプ化。

STEP 4

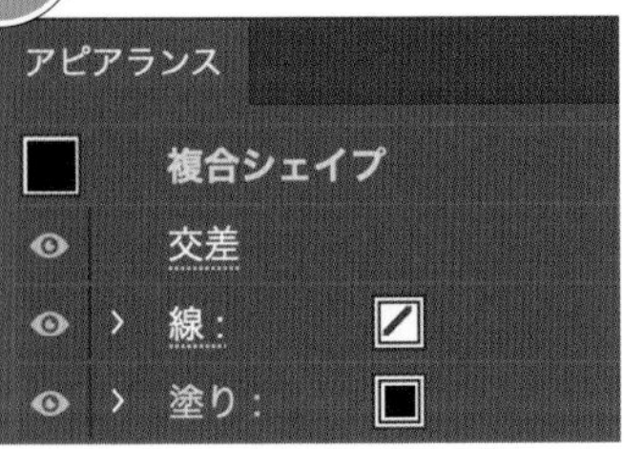

効果＞パスファインダー＞交差

※見た目は変化しません。

STEP 5

アピアランス
複合シェイプ
塗り：
線：
交差

塗りを上に、交差を下に移動

塗りを一番上に移動し、交差を一番下に移動させる。

STEP 6

効果＞ワープ＞でこぼこ

水平方向にカーブ -20、変形の垂直方向を -10で適用。

6 でこぼこ ワープオプション

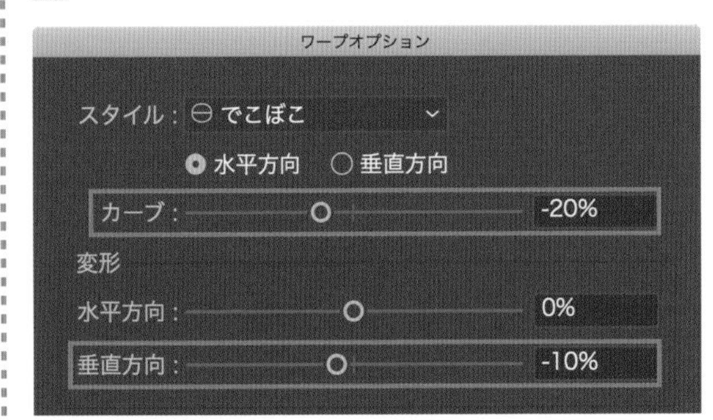

効果＞パス＞パスのオフセット

線を選択して適用。作例のオフセットの数値は1。

アピアランスパネル

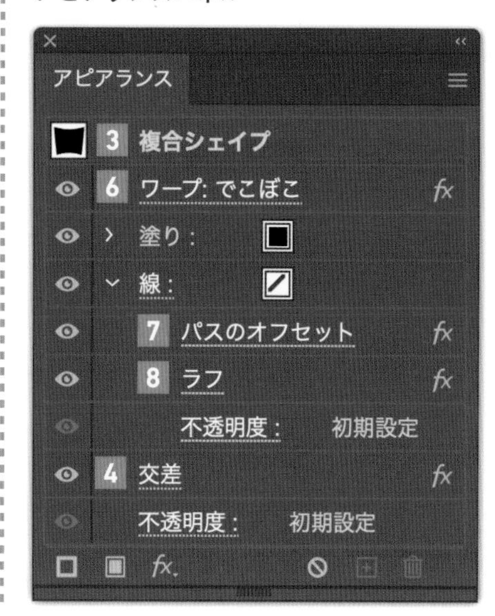

効果＞パスの変形＞ラフ

線に適用。サイズは入力値で7px、詳細は22/inch。

解説

ラフの「パーセント」と「入力値」の違いは？

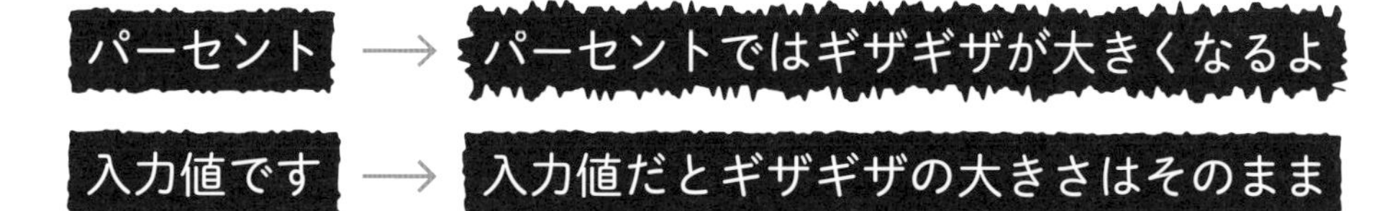

効果ラフやジグザグで設定できる「パーセント」「入力値」は、オブジェクトのサイズを変更した時に違いがでます。パーセントはオブジェクトの大きさに応じてギザギザの大きさが変化する一方、入力値は大きさをを変えても、入力した数値で固定されます。

RECIPE
54

改行しても追従する!?

手書き風アンダーライン

テキスト追従する
手書き風アンダーライン

なんと改行も
できます。

ここがポイント

効果 パスのオフセット で文字を塗りつぶしたものを素材とすることで、行ごとに別々の装飾をすることができます。

動画でも解説！

サンプル
テキスト

T

テキストを用意

作例はAdobe FontsのDNP 秀英丸ゴシック Std、14pt。

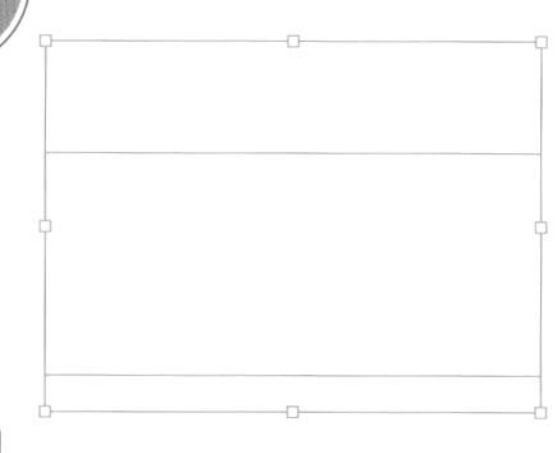

/

塗りをなしにする

塗り線をなしにして透明の状態に。

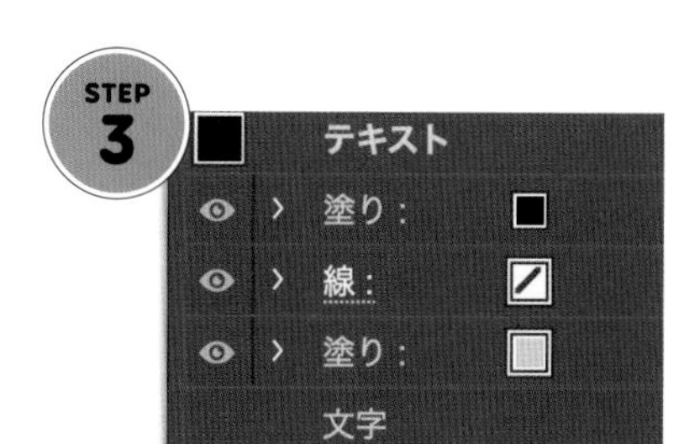

⌘(Ctrl) /

新規塗りを2つ追加

アピアランスで新規塗りを2つ追加し、下を下線の色に。

STEP 4

アピアランス
テキスト
オブジェクトのアウトライン
塗り：
線：
塗り：

効果 オブジェクトのアウトライン

効果＞パス＞オブジェクトのアウトライン を適用。一番上になるように。

STEP 5

サンプル
テキスト

効果＞パス＞パスのオフセット

下の塗りを選択して適用。作例は9pt。角の形状はベベルに。

STEP 6

サンプル
テキスト

効果＞パスファインダー＞追加

手順5の「パスのオフセット」の下に適用。

STEP 7

サンプル
テキスト

パスのオフセットを複製

「パスのオフセット」を選択し、「追加」の下にOption（Alt）＋ドラッグ。

MEMO

手順5にて、2行以上のテキストの場合はオフセットで太らせた塗りが行ごとに完全に別れる数値にしてください。ここが接すると、のちの工程がうまくいかない場合があります。

×
サンプル
テキスト

STEP 8

サンプル
テキスト

複製したオフセットの数値を逆に

手順7のオフセットの数値に「-」を追加して負の値に。

STEP 9

サンプル
テキスト

効果＞パスの変形＞変形

手順8のオフセットの下に適用。少し位置を下げる（作例は7pt）。

STEP 10 完成！

サンプル
テキスト

効果＞スタイライズ＞落書き

手順9の変形の下に適用。好みの数値に設定して完成。

10 効果 落書き

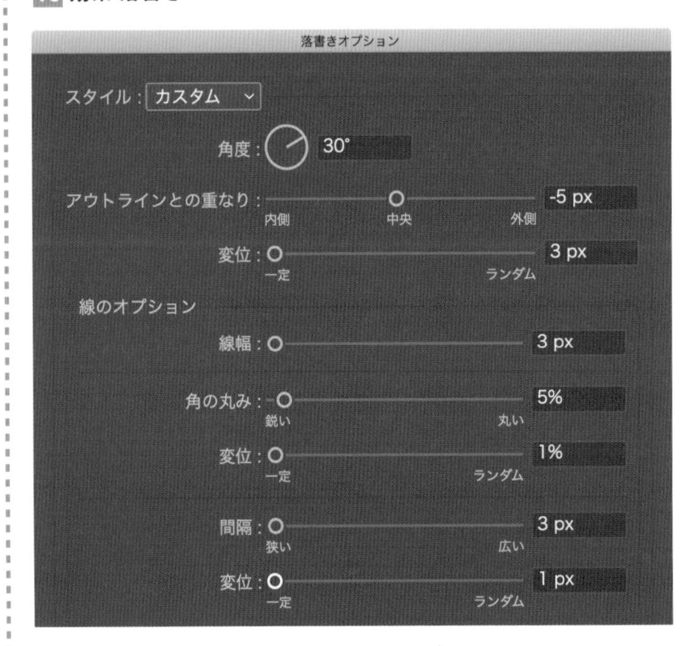

アピアランスパネル

Chapter 5 フレーム

凝ったデザインのフレームだと、大きさや比率を気軽には変更できず困った覚えはありませんか。この章では変形させてもデザインが崩れないフレームや、文字数に応じて自動的に変形するテクニカルなフレームの作り方を伝授します。

RECIPE
55

パスファインダーを使わずできる！

内側角丸フレーム

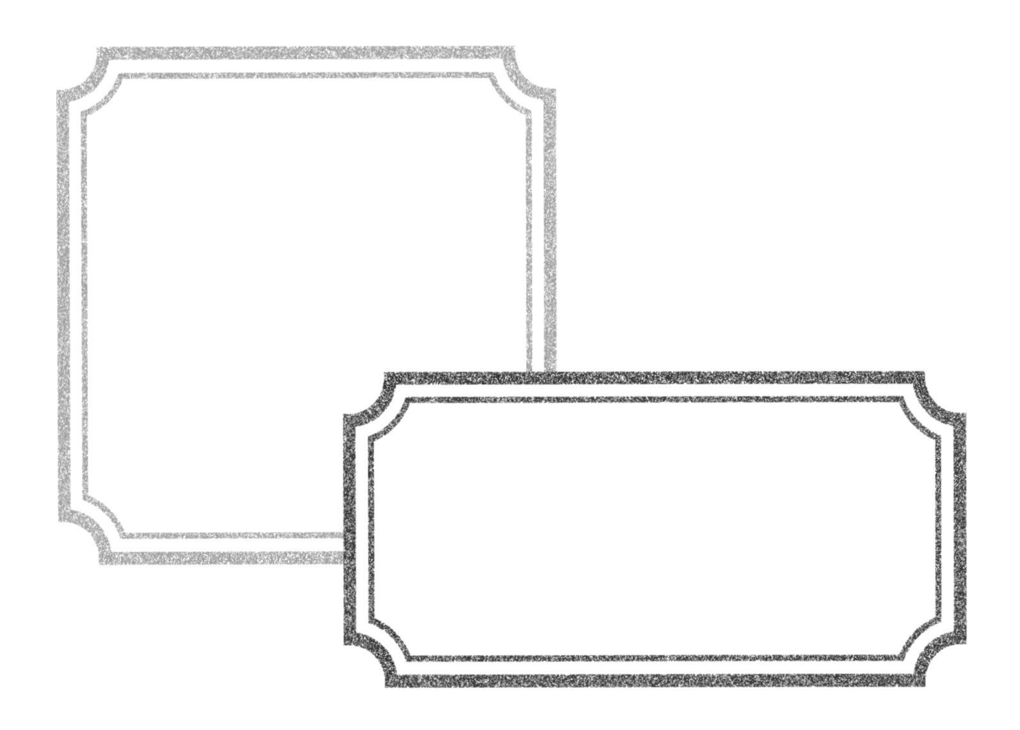

ここがポイント

ライブコーナーとアピアランスを組み合わせることで、変形してもデザインが崩れないフレームになります。

動画でも解説！

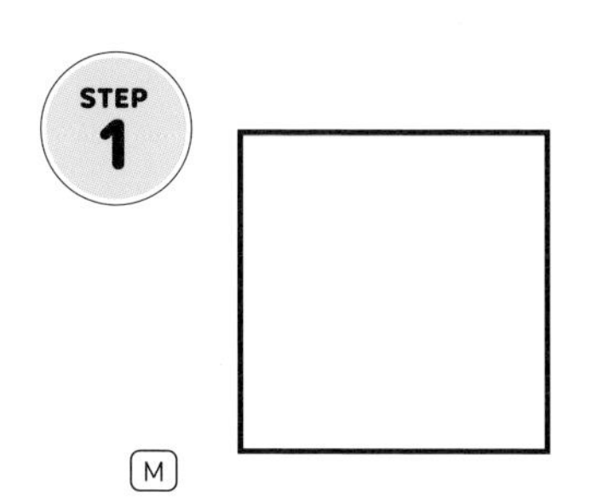

長方形を描く

長方形ツールで長方形を描く。

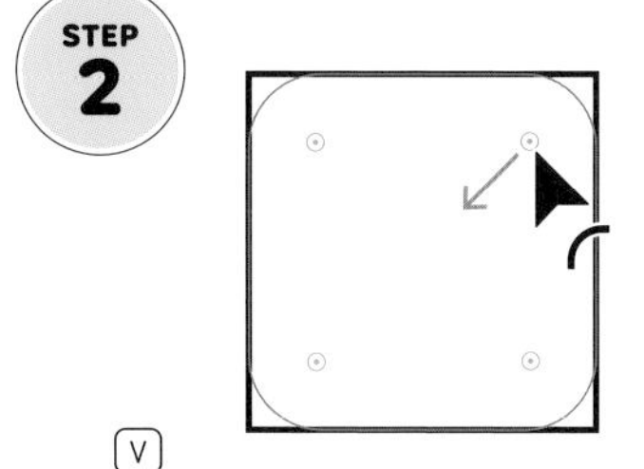

ライブコーナーのドラッグを維持

選択ツールで角の丸を中心に向かってドラッグ。その状態を維持する。

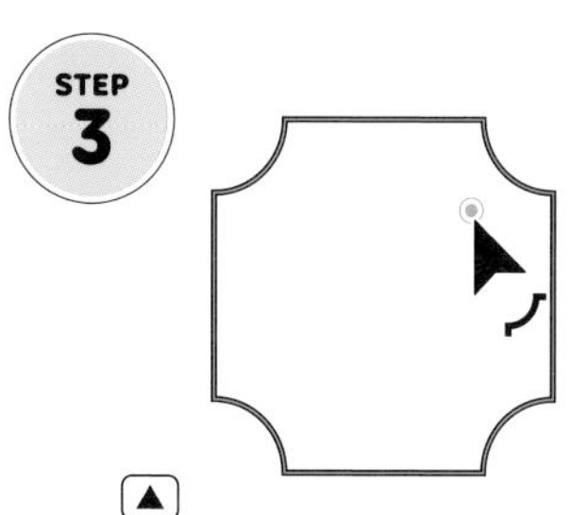

上キーで角丸（内側）に

ドラッグ中にキーボードの上キーで角の形状を角丸（内側）に変更。

STEP 4

新規線を追加

アピアランスパネルで新規線を追加し、線が二重になるようにする。

STEP 5

効果＞パス＞パスのオフセット

線を1つ選択し、オフセットのマイナスの数値で少し縮小。

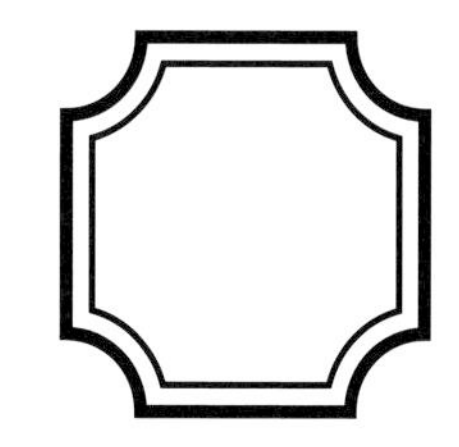

外側の線を太くする

もう一方の線の線幅を太くして完成。

アピアランスパネル

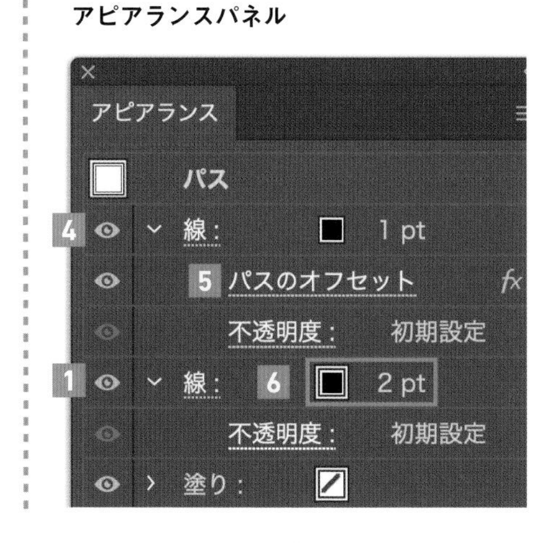

解説

角の形状変更でバリエーションも作れる

完成後にダイレクト選択ツール（A）で角の丸印をOption（Alt）クリックすると、角の形状が切り替わります。

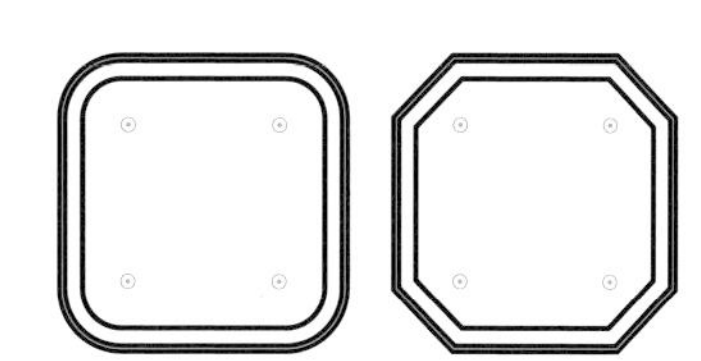

RECIPE
56

見出しごとに手直しはもういらない！

アナログ風の座布団

テキストに応じて

座布団も伸びていきます。

おまけレシピ：矢印バージョン

ここがポイント

効果はパスの最終的な形状に対して適用されるため、文字数に合わせて調整が必要な見出しなどはアピアランスで処理すると効率的です。

動画でも解説！

山路を登りながら

[T]

テキストを用意

作例はAdobe FontsのDNP 秀英丸ゴシック Std L、12pt。

[/]

塗りをなしにする

塗り線をなしにして透明の状態に。

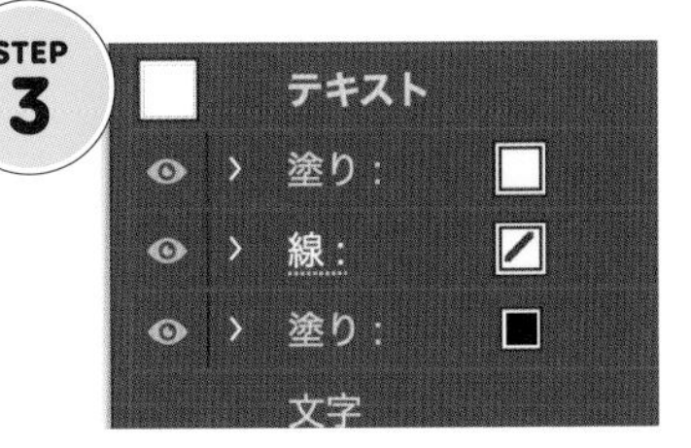

[⌘(Ctrl)] [/]

新規塗りを2つ追加

アピアランスで塗りを2つ追加。上を文字色に、下を座布団の色に。

STEP 4

効果 オブジェクトのアウトライン

効果＞パス＞オブジェクトのアウトライン を適用。一番上になるように。

STEP 5

山路を登りながら

効果＞形状に変換＞角丸長方形

下の塗りに適用。「値を追加」で幅と高さに5ptずつ、半径1pt。

STEP 6 完成！

山路を登りながら

効果＞パスの変形＞ラフ

手順5の下に適用。サイズは入力値1pt、詳細50、ポイント丸く。

なぜ角丸長方形を使うの？

効果 ラフを長方形に適用すると、角の部分がぴょこっと飛び出すことが多いです。そういう時は長方形ではなく、角丸長方形を使うときれいな角になります。

長方形にラフ

角丸長方形にラフ

おまけレシピ

STEP 7

山路を登りながら

効果＞ワープ＞下弦

黒い塗りに垂直方向のカーブ90で適用し、角丸長方形の下に移動。

STEP 8

山路を登りながら

効果＞パスの変形＞ジグザグ

手順7の下に、大きさ0、折り返し1、直線的に適用。

STEP 9

山路を登りながら

効果 角を丸くする

手順8の下に効果＞スタイライズ＞角を丸くする を1ptで適用。

STEP 10 完成！

山路を登りながら

効果＞パスの変形＞変形

手順9の下に適用。水平方向に移動し、座布団の位置を調整して完成。

アピアランスパネル

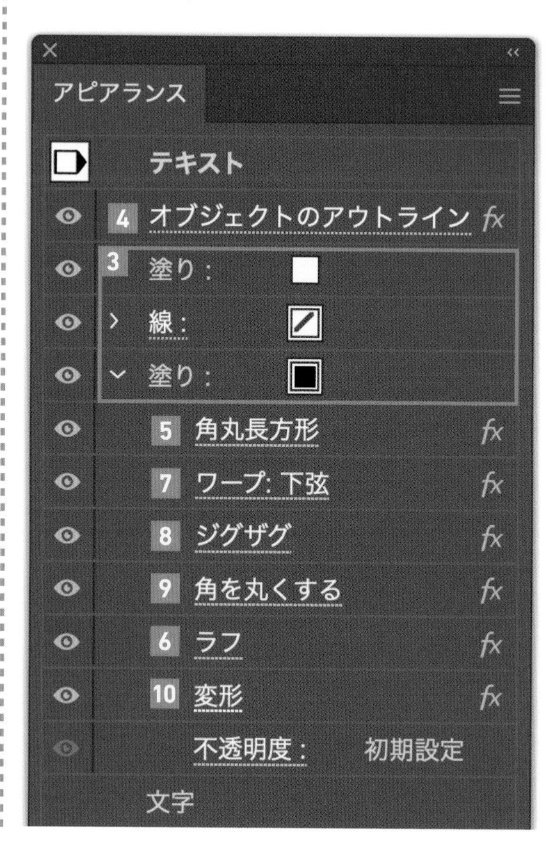

RECIPE
57

立体的な「影」を機能で表現

付箋

Adobe
Illustrator

Appearance

Sticky note

ここがポイント

アピアランスは塗り線ごとに個別の不透明度を設定できます。グラデーションと組み合わせると、立体的な影が手軽に描けます。

動画でも解説！

STEP 1

Appearance

T

テキストを用意

作例はAdobe FontsのMarydale、16pt。

STEP 2

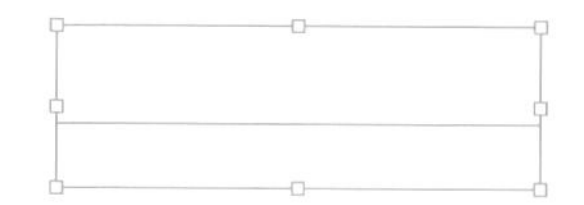

塗りをなしにする

塗り線をなしにして透明の状態に。

STEP 3

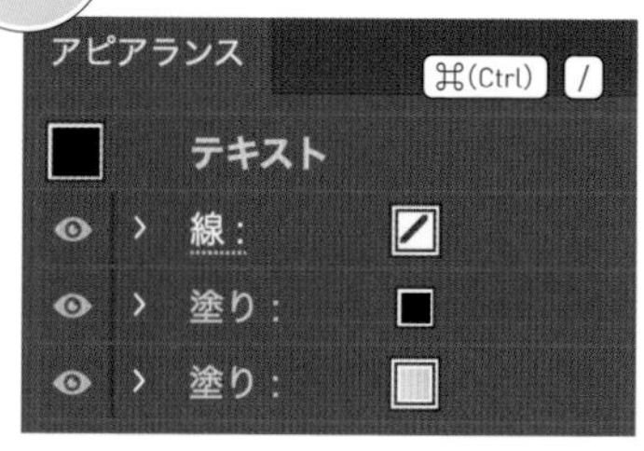

新規塗りを2つ追加

アピアランスで塗りを2つ追加。上を文字色に、下をグラデーションに。

STEP 4

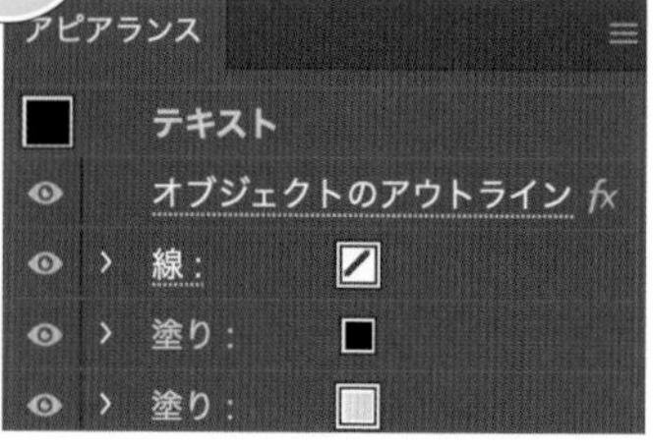

効果 オブジェクトのアウトライン

効果＞パス＞オブジェクトのアウトライン を適用。一番上になるように。

STEP 5

Appearance

効果＞形状に変換＞長方形

下の塗りを選択し、効果 長方形を適用。作例は「値を追加」で12ptずつ。

STEP 6

Appearance

円形グラデーションに変更

グラデーションパネルから種類を円形グラデーションに変更。

STEP 7

Appearance

G

グラデーションの位置を調整

グラデーションツールで左上からドラッグ。位置と大きさを調整。

6 グラデーションパネル

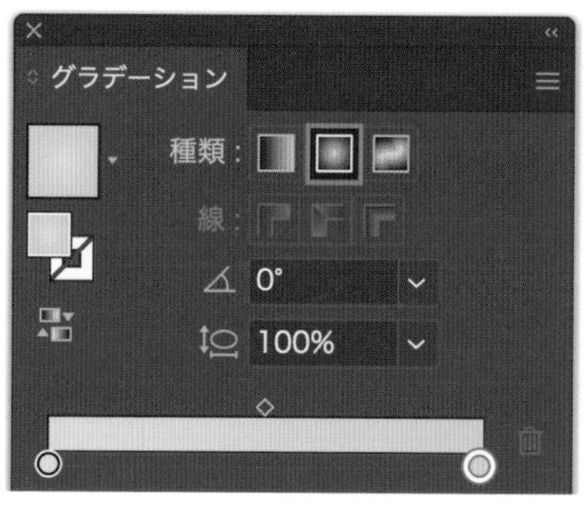

#F9EBAF

#F6DF7E

STEP 8

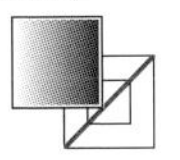

下の塗りを複製

手順7の塗りを複製し、白黒のグラデーションに変更。

STEP 9

効果＞ワープ＞上昇

手順8の塗りに効果 上昇 を水平方向にカーブ6%程度で適用。

STEP 10 完成！

不透明度を調整

手順9の塗りの不透明度を30%程度にし、乗算に変更し完成。

アピアランスパネル

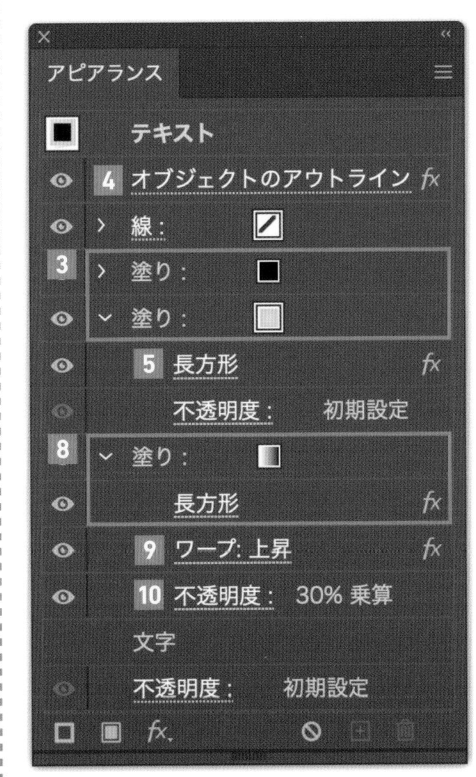

オブジェクト全体の不透明度とは別に、塗り線個別の不透明度もあります。手順10では、塗り個別の不透明度を使用します。

MEMO

影の向きを逆にしたい場合は、ワープの下に 効果＞パスの変形＞変形 を適用し、水平方向に反転をチェックします。

RECIPE
58

伸ばした分だけ穴が増える！

メモ帳フレーム

ここがポイント

破線の長さによって点線の数が増える性質をアピアランスと組み合わせることで、非破壊データ作りの可能性が広がります。

動画でも解説！

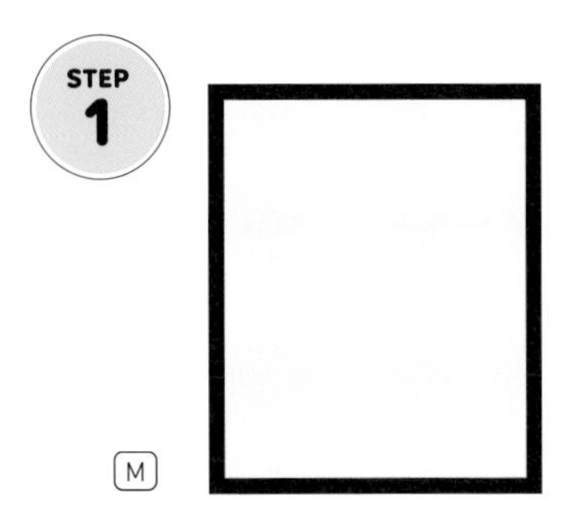

長方形を描く

長方形ツールで長方形を描く。

効果＞パス＞パスのオフセット

線を選択して適用。マイナスの数値を入力して縮小する。

STEP 3

効果＞パスの変形＞変形

線を選択して適用。拡大・縮小の水平を0、基準点を左中央に。

破線にチェックし丸型線端に

破線の線分を0に、間隔を広げる。破線を先端に整列させる。

3 変形効果

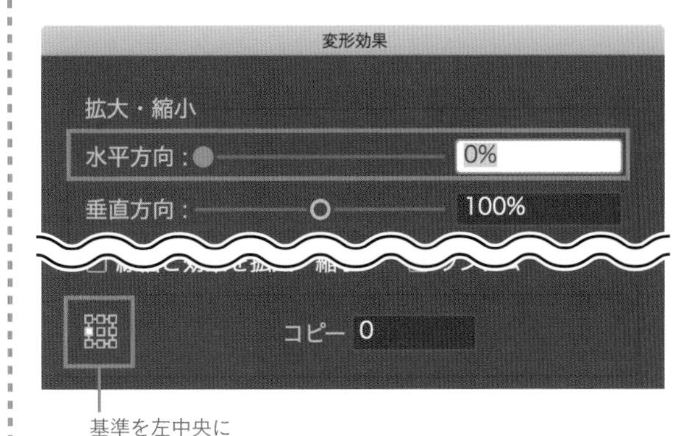

4 線パネル

STEP 5

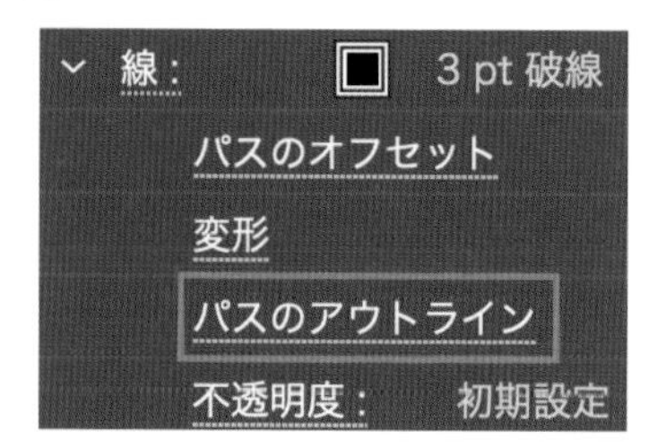

効果 パスのアウトライン

線を選択し、効果＞パス＞パスのアウトライン を適用。

効果 前面オブジェクトで型抜き

効果＞パスファインダー＞前面オブジェクトで型抜き を一番下に適用。

アピアランスパネル

手順6の型抜きは、「塗りの中」ではなく、「塗りの下」へ移動させてください。

アピアランスを拡大・縮小する時のコツ

アピアランスで加工したオブジェクトを拡大した際、図のように穴の数が増える場合と穴の数が変わらずそのまま大きくなる場合があります。

これは、オブジェクトの変形に合わせ、アピアランスも変形するかどうかの設定による違いです。

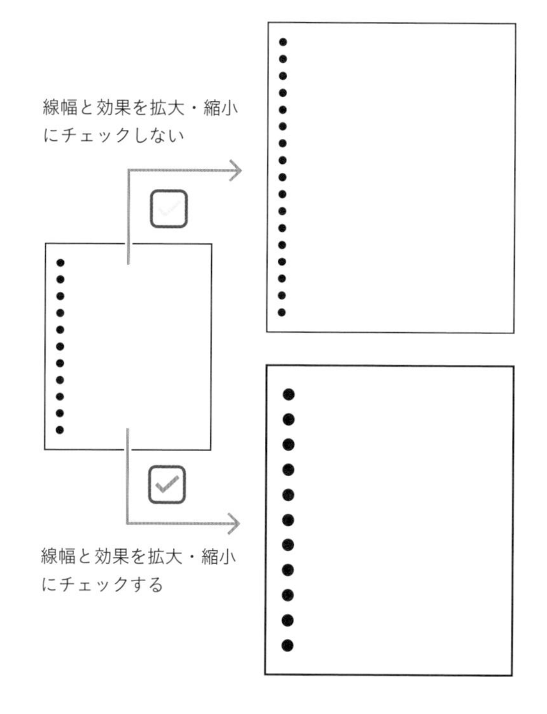

拡大・縮小ツール（S）などでアピアランスも変形させる場合は、Return（Enter）キーでダイアログを呼び出し、オプションの「線幅と効果を拡大・縮小」をチェックします。

オブジェクトを選択した状態の変形パネル下部からも変更できます。見つからない場合は、変形パネル右上のメニューから「オプションを表示」をクリックしてください。

また、オブジェクトを選択しない状態でのプロパティパネルからも変更ができます。

拡大・縮小

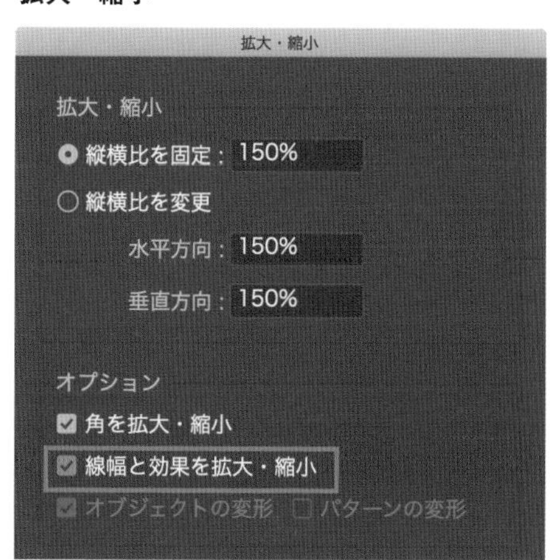

変形パネル

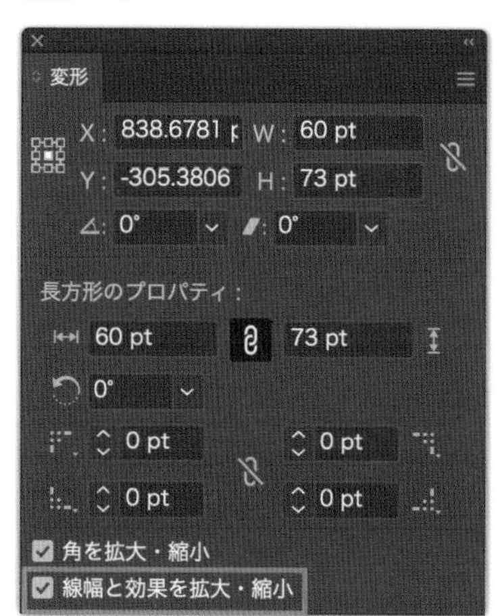

RECIPE
59

自然な質感が効果だけで作れる！

古い紙フレーム

ここがポイント

効果 ラフ単体では満遍なく変形してしまいますが、他の効果と組み合わせることでより自然な質感を表現することができます。

動画でも解説！

M

長方形を描く

長方形ツールで長方形を描く。

塗りに効果＞パスの変形＞ラフ

アピアランスから適用。サイズは入力値、ポイントはギザギザ。

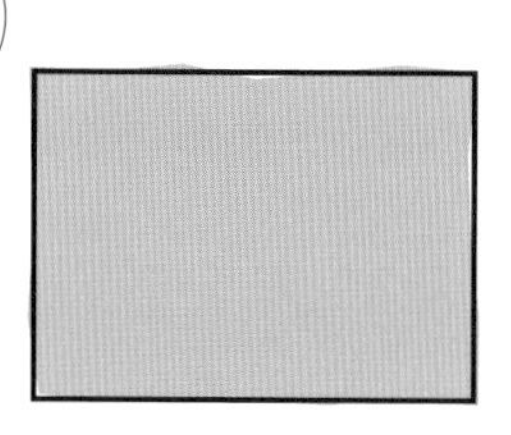

Option(Alt) ⌘(Ctrl) /

塗りの上に線を追加

塗りの上に線を追加。見えなくなるので色や太さは自由。

STEP 4

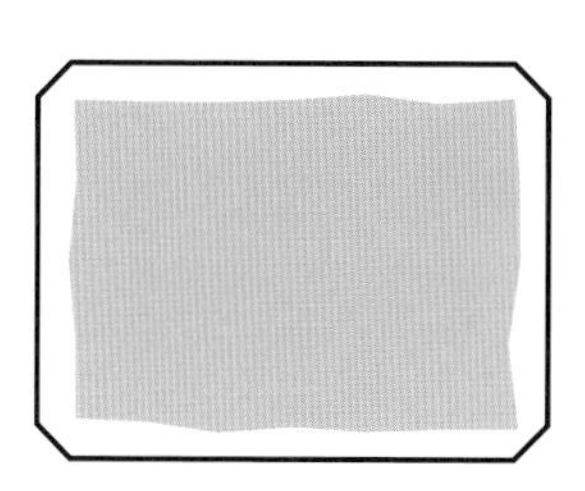

効果＞パス＞パスのオフセット

線を選択しパスのオフセットで少し拡大。角の形状はベベル。

STEP 5

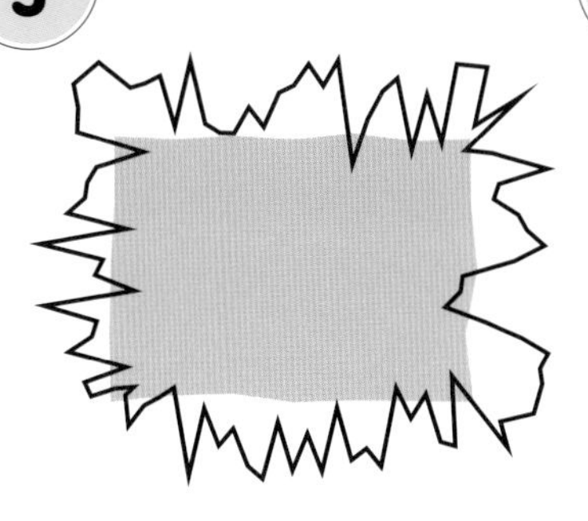

効果＞パスの変形＞ラフ

線を選択しラフを適用。入力値ででっぱりが少し塗りと重なる数値に。

STEP 6

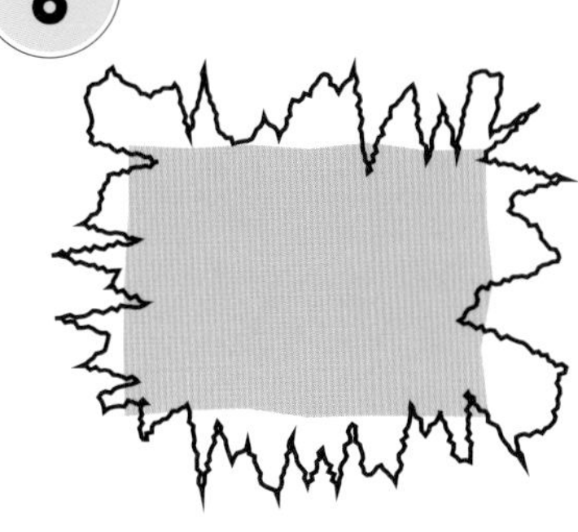

効果 ラフを細かく

線を選択しラフを適用。サイズは入力値で小さく。詳細を大きく。

5 ラフ

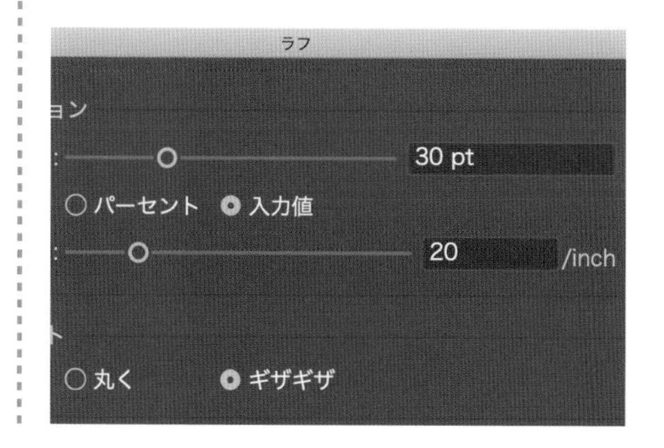

6 ラフ

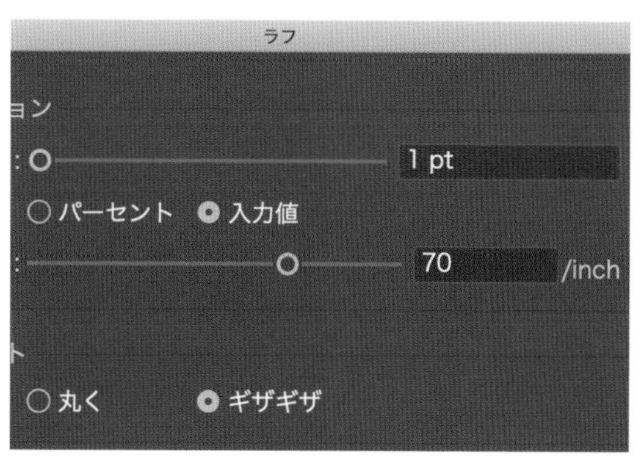

効果 切り抜き

効果＞パスファインダー＞切り抜き。
塗りの下に移動させ完成。

アピアランスパネル

MEMO

以下の2つをアピアランスパネルの「切り抜き」の下に適用すると、さらに古びた質感にできます。

効果＞スタイライズ＞光彩（内側）
効果＞テクスチャ＞粒状

RECIPE
60

モクモクがどんどん増える!?

雲フレーム

ここがポイント

破線はパスに沿って規則正しく図形を並べる機能ですが、その元のパスの形状を崩すことで雲のような不規則な並びが再現できます。

動画でも解説！

STEP 1

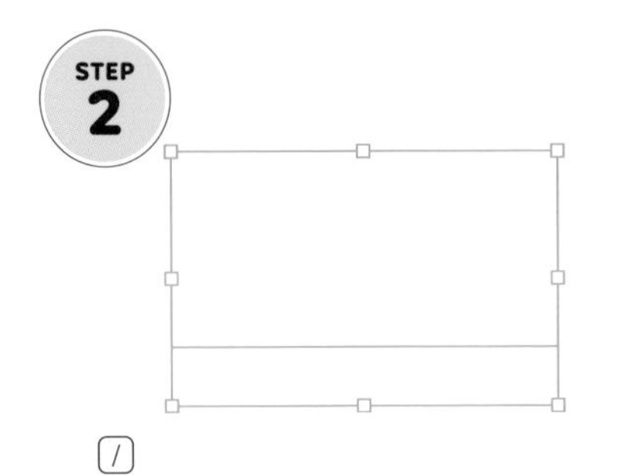

STEP 2

STEP 3

テキストを用意

作例はAdobe FontsのAmatic SC Bold、30pt。

塗りをなしにする

塗り線をなしにして透明の状態に。

新規塗りと線を追加

アピアランスパネルで新規塗りと線を追加。線を塗りの下に移動。

STEP 4

STEP 5

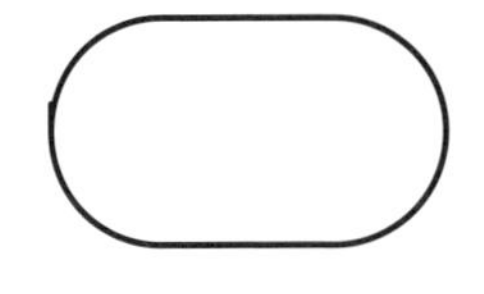

STEP 6

効果 オブジェクトのアウトライン

効果＞パス＞オブジェクトのアウトライン を適用。一番上になるように。

効果＞形状に変換＞角丸長方形

線を選択して適用。「値を追加」で4ptずつ、半径は100pt。

線幅を太く、丸型線端に

線パネルから線幅を17ptに。線端を丸型線端に変更。

STEP 7

破線にして、先端を整列

線パネルから破線をチェックし、先端を整列。線分を0に、間隔は12pt。

6 7 線パネル

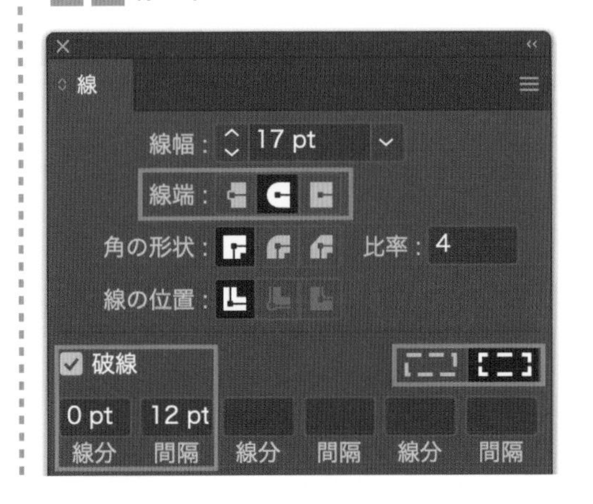

STEP 8

効果＞パスの変形＞ラフ

線を選択して適用。サイズは入力値で7pt、詳細は10pt、ギザギザ。

STEP 9

効果＞パス＞パスのアウトライン

線に適用し、手順8の「ラフ」の下に移動。

STEP 10

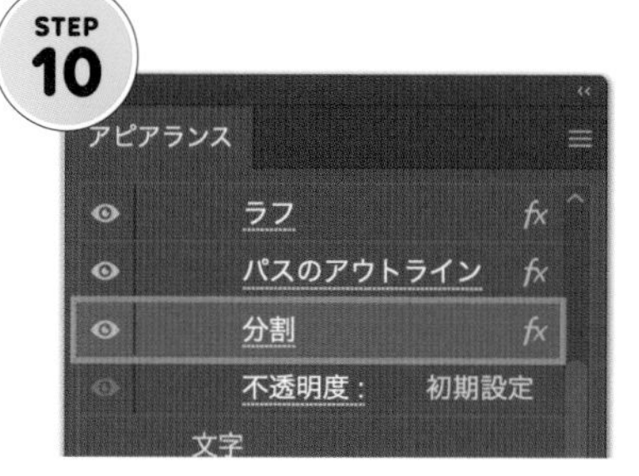

効果＞パスファインダー＞分割

線に適用し、手順9の「パスのアウトライン」の下に移動させる。

STEP 11

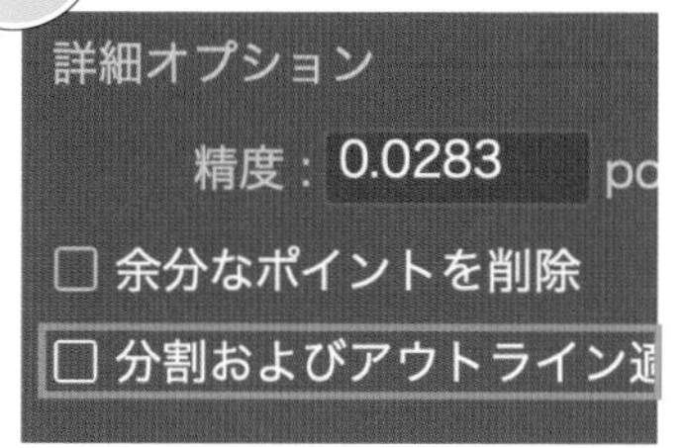

効果 分割のオプションを外す

手順10の分割をクリック。詳細オプションのチェックを外す。

STEP 12 完成！

効果＞パスファインダー＞追加

線に適用し、手順10の下に移動させて完成。

アピアランスパネル

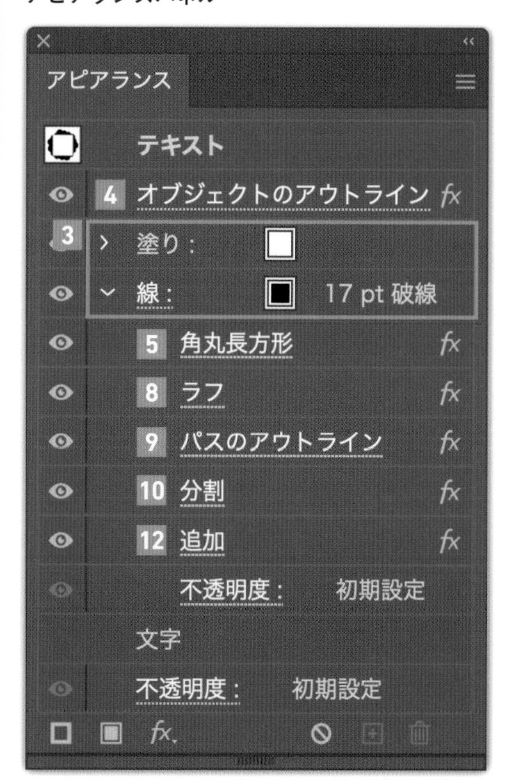

RECIPE
61

平面と立体を組み合わせた表現が作れる！

立体ボックスフレーム

ADOBE

APPEARANCE

ここがポイント

効果 3D 押し出し・ベベルの角度を調整することで、正面は元のパスのまま立体的な側面を作ることができます。

動画でも解説！

STEP 1

ADOBE

T

テキストを用意

作例はAdobe Fonts の Orator Std Medium、25pt。

STEP 2

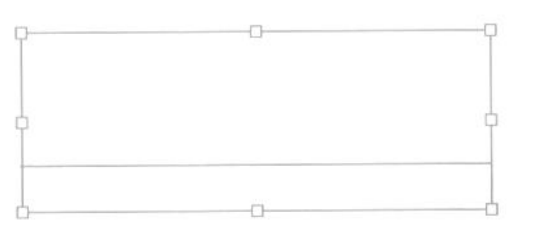

/

塗りをなしにする

塗り線をなしにして透明の状態に。

STEP 3

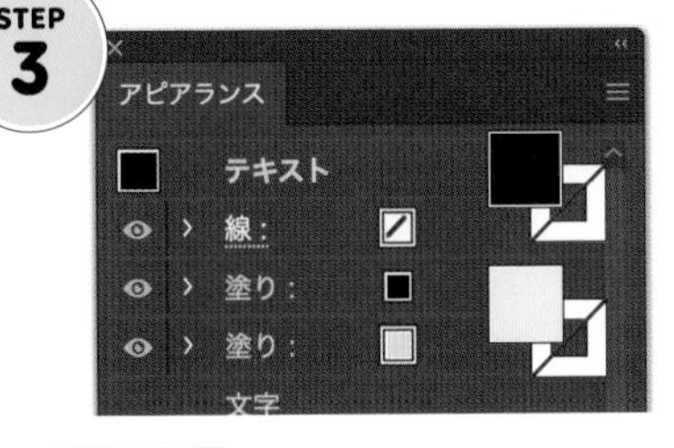

⌘(Ctrl) /

新規塗りを2つ追加

アピアランスで新規塗りを2つ追加。上を文字色に、下を箱の面の色に。

STEP 4

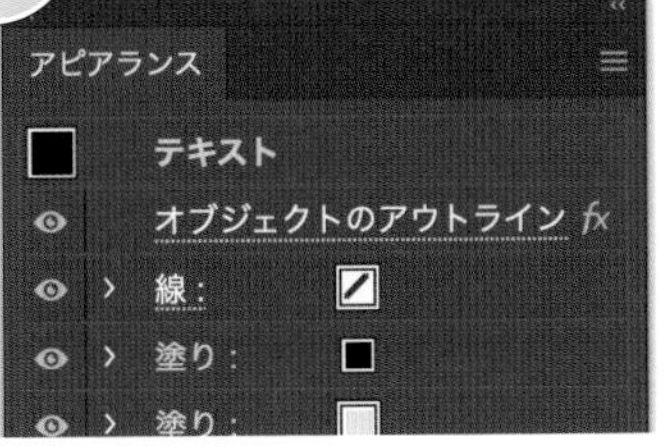

効果 オブジェクトのアウトライン

効果＞パス＞オブジェクトのアウトライン を適用。一番上に配置。

STEP 5

ADOBE

効果＞形状に変換＞長方形

下の塗りを選択し、効果 長方形を適用。「値を追加」8ptずつ。

STEP 6

ADOBE

効果＞3D＞押し出し・ベベル

下の塗りに適用。X、Y軸を1°に、Z軸を0に、奥行き300pt、陰影なし。

6 押し出し・ベベル

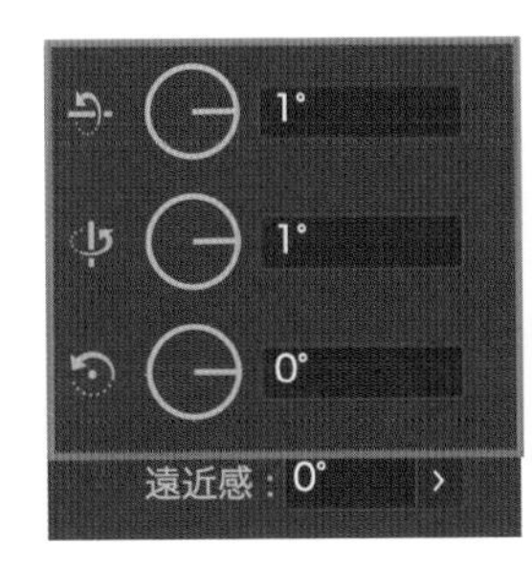

STEP 7

効果＞パス＞パスのオフセット

下の塗りに -1pt で適用し、「3D」の下に移動。

STEP 8

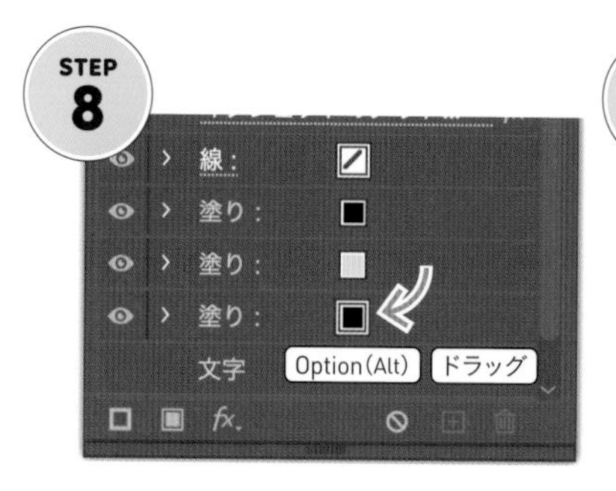

塗りを複製し、色を黒に

手順7の塗りを下に複製し、色を黒にする。

STEP 9

オフセットの値をプラスに

手順8で複製した塗りの「パスのオフセット」をクリックし、「-」を削除。

STEP 10

効果＞パスファインダー＞追加

手順9の「パスのオフセット」の前に効果を適用。角の尖りが消える。

STEP 11 完成！

効果＞パスの変形＞変形

上の黒い塗りを選択し適用。移動の水平垂直とも -3pt にして完成。

アピアランスパネル

完成！

効果＞パスの変形＞ラフ

黄色い塗りを選択し、サイズを0で適用。長方形の下に配置する。

12 効果 ラフ

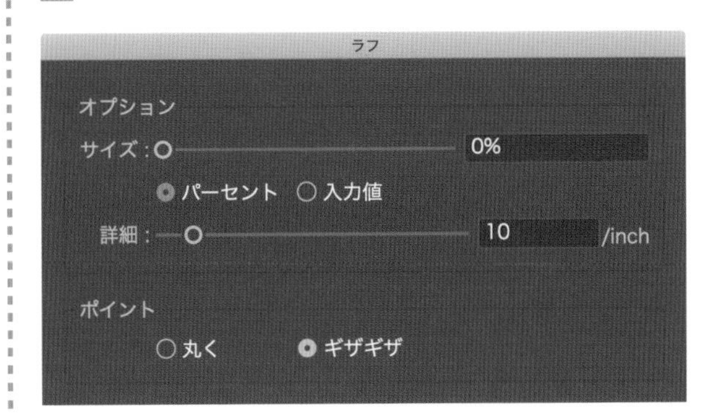

アピアランスパネル

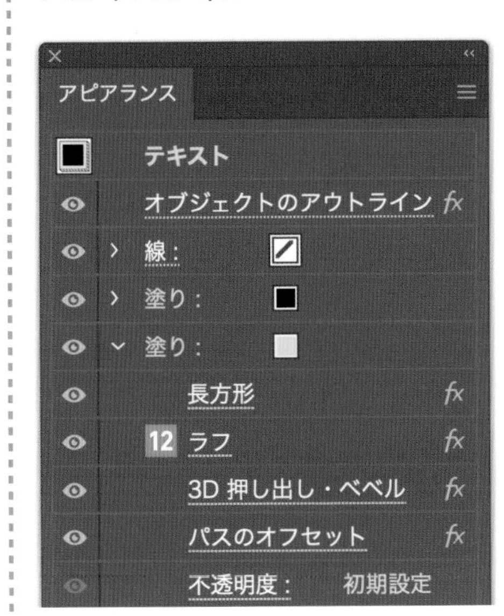

RECIPE
62

マウスドラッグでめくり具合を一発調整！

めくれた紙フレーム

ここがポイント

ライブコーナーとアピアランスの合わせ技です。効果とオブジェクトの動きを深く理解する練習にどうぞ。

動画でも解説！

M

長方形を描く

長方形ツールで長方形を描く（形や色は後から変更できます）。

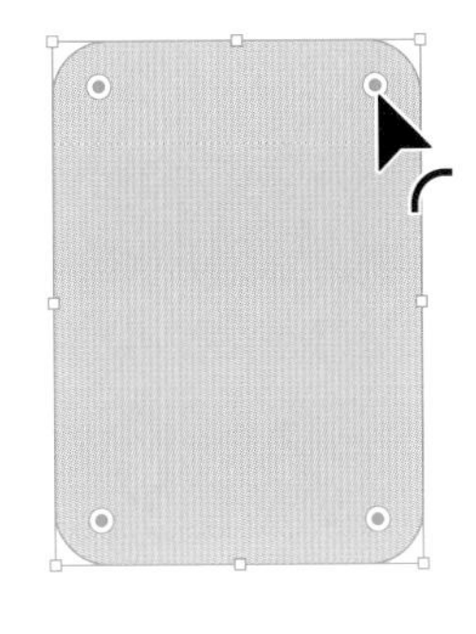

V

ライブコーナーで角を丸く

ダイレクト選択ツールで角の丸をドラッグし、角を丸くする。

STEP
3

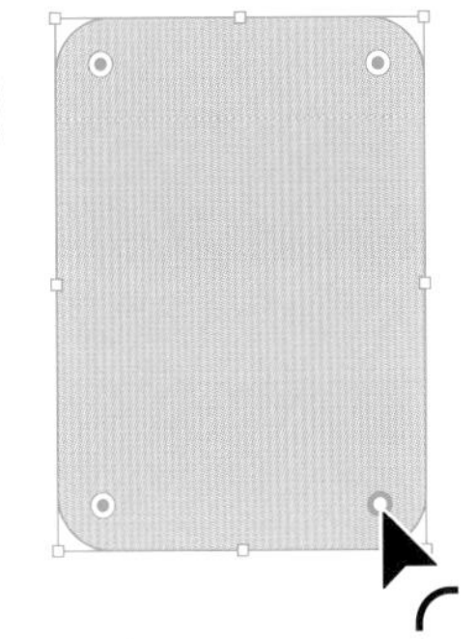

右下の丸をクリック

選択ツールで右下の角の丸のみクリック。丸の色が反転した状態に。

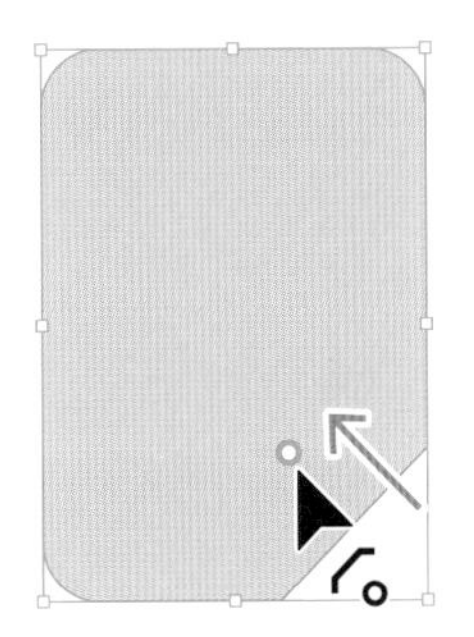

角の形状を面取りにしてドラッグ

丸をドラッグし、下キーで角の形状を面取りに。ドラッグで位置を調整。

STEP
5

⌘(Ctrl) /

新規塗りを追加

アピアランスパネルで新規塗りを追加。上の塗りの色を変更。

STEP
6

効果 変形で水平反転コピー

上の塗りに効果＞パスの変形＞変形で、垂直方向に反転、コピーを1に。

効果 前面オブジェクトで型抜き

効果＞パスファインダー＞前面オブジェクトで型抜き を「変形」の下に。

6 変形効果

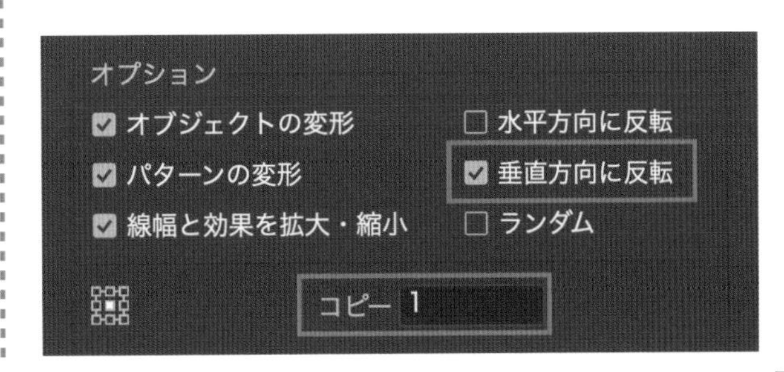

効果 変形で180度回転

上の塗りを選択。効果＞パスの変形＞変形 で180度回転。

塗りを複製

上の塗りを選択し、Option（Alt）＋ドラッグで下に複製。

下の色を黒に、乗算25%に

複製した塗りの色を黒に。不透明度を乗算、25%程度に。

STEP 11 完成！

効果 パスの自由変形

複製した塗りに効果＞パスの変形＞パスの自由変形 を適用して完成。

11 パスの自由変形

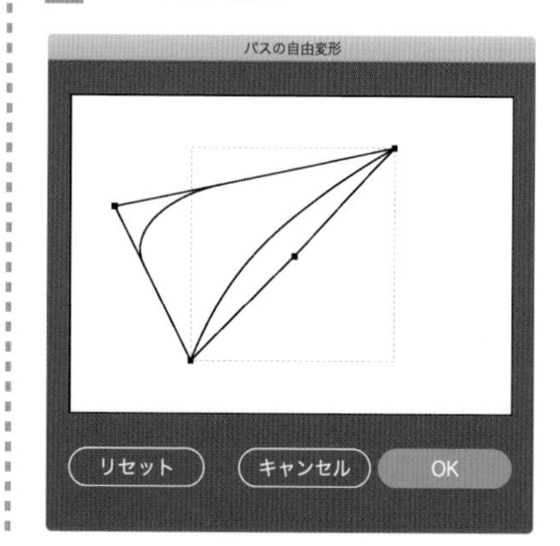

アピアランスパネル

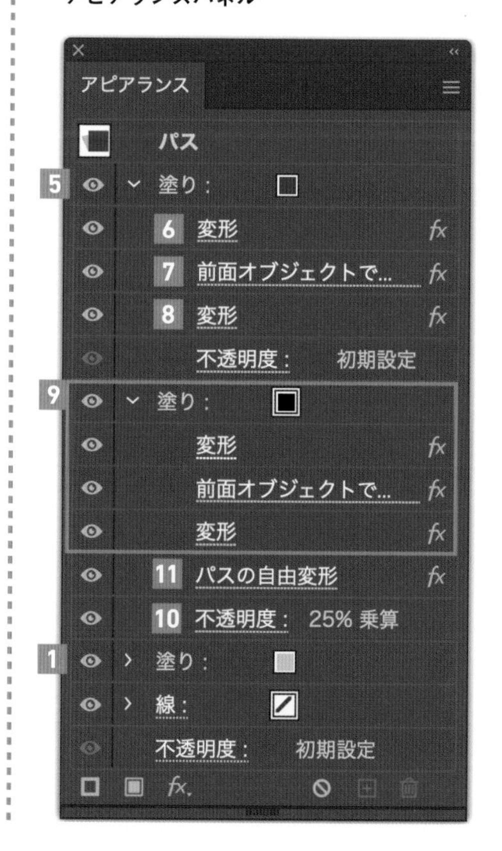

RECIPE
63

アピアランスでここまでできる！
テキスト追従する

タグフレーム

Adobe
Illustrator

改行しても
角のカットの
大きさは維持

ここがポイント

アピアランスの塗り線を増やして各パーツを作ることで、単一のオブジェクトで複雑なイラストも描けます。

動画でも解説！

STEP 1

テキスト追従
タグフレーム

T

テキストを用意

作例はAdobe Fontsの貂明朝 Regular、8pt。

STEP 2

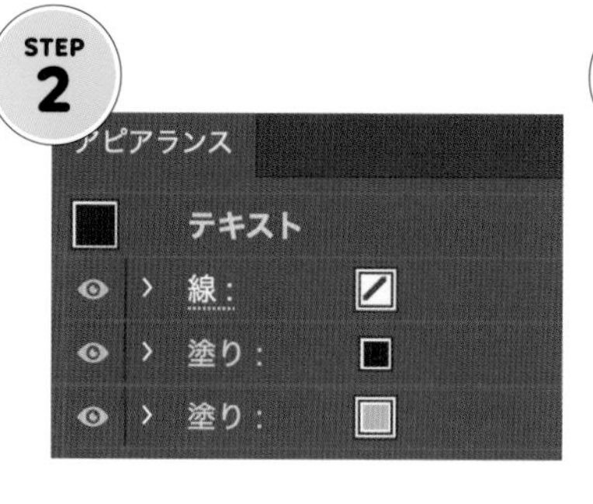

塗りをなしにし、塗りを2つ追加

塗りをなしにし、新規塗りを2つ追加。上を文字色に、下をタグの色に。

STEP 3

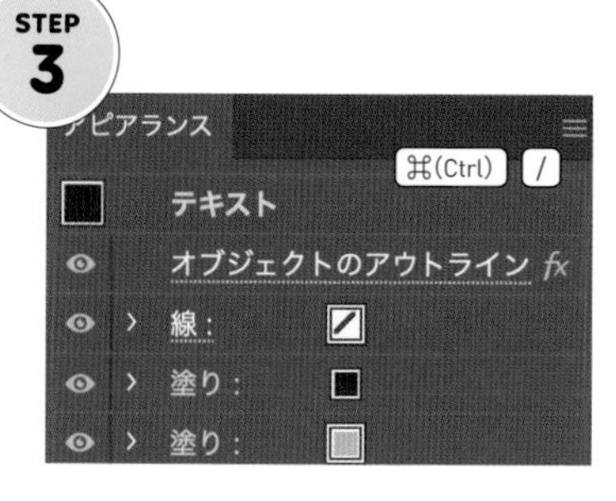

効果 オブジェクトのアウトライン

効果＞パス＞オブジェクトのアウトライン を適用。一番上になるように。

STEP 4

テキスト追従
タグフレーム

効果＞形状に変換＞長方形

下の塗りに適用。「値を追加」で8ptずつ。

STEP 5

塗りを複製する

手順4の塗りをOption（Alt）ドラッグで下に複製。

STEP 6

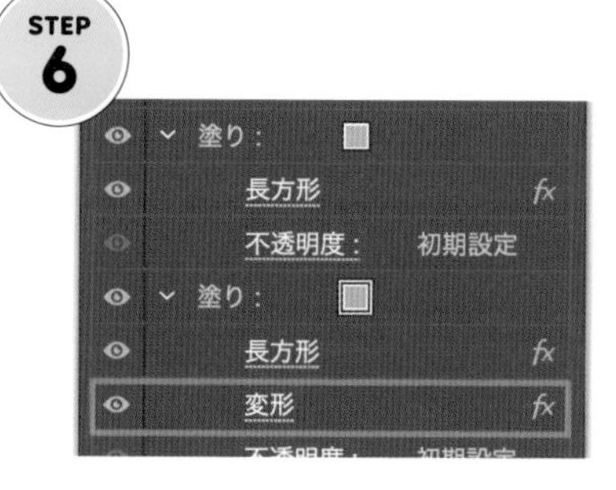

効果＞パスの変形＞変形

複製した塗りに適用。拡大・縮小の水平は0、基準点は左中央に。

6 変形効果

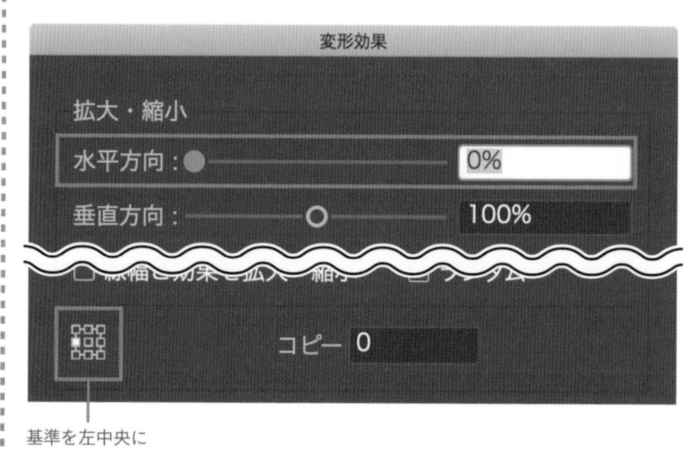

STEP 7

効果＞形状に変換＞角丸長方形

手順6の下に適用。「値を追加」で幅を8、高さを0、半径を8ptに。

STEP 8

効果＞パスの変形＞ジグザグ

手順7の下に適用。数値はすべて0に、ポイントは直線的に。

STEP 9

Option(Alt) ドラッグ

塗りを複製し、色を変更

手順8の塗りを手順4の塗りの上に複製。色を変更する。

STEP 10

ジグザグを削除

手順9で複製した塗りからジグザグを削除。

STEP 11

角丸長方形を楕円形に変更

手順10の塗りの角丸長方形を楕円形に変更。「値を指定」で9ptずつ。

STEP 12

塗りを複製し一回り小さく

手順11の塗りを上に複製し、色を変更。楕円形の数値を5ptずつに。

11 形状オプション

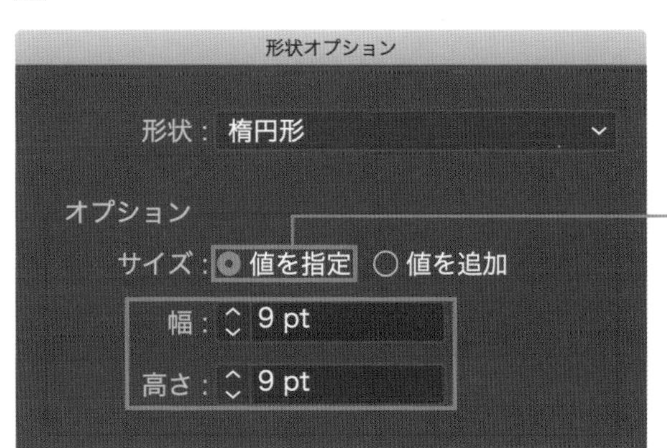

「値を指定」に切り替える

STEP 13

塗りの不透明度を0%に

手順12で複製した塗りの中にある不透明度をクリックし、0%に変更。

STEP 14

グループの抜きにチェック

アピアランスの一番下の不透明度から「グループの抜き」をチェック。

STEP 15

線に効果 長方形を適用

線に色をつけ、手順4と同様に効果 長方形を適用。

STEP 16

効果＞パスの変形＞変形

手順15の下に適用。拡大・縮小の水平を0に、基準点を左中央に。

13 14 不透明度

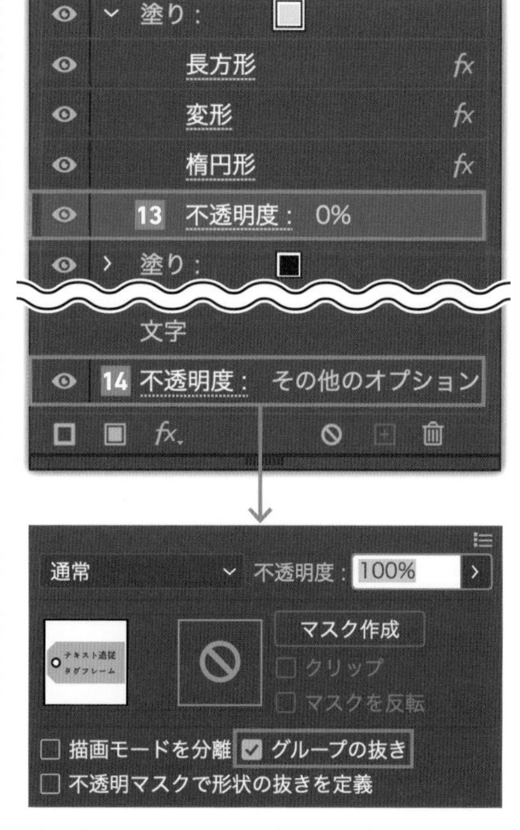

塗り線の中にある不透明度と、オブジェクト全体の不透明度は別物なので注意。また、グループの抜きのチェックボックスは空欄の他に混在（ー という表記）もあるので、しっかりとチェックマークがついているか確認してください。

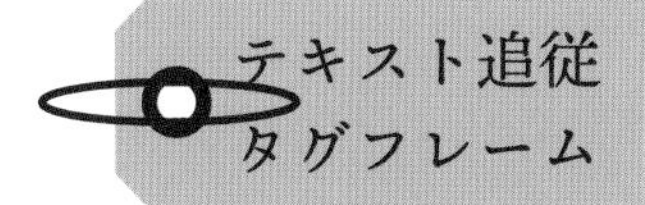

効果＞形状に変換＞楕円形

手順16の下に適用。「値を指定」で幅33、高さ5pt。

STEP 18

テキスト追従
タグフレーム

ワープの変形 水平を-100%に

手順17の下に効果ワープのいずれかを適用。変形の水平方向を -100% に。

STEP 19 完成！

テキスト追従
タグフレーム

効果 変形の数値を調整

手順16の変形をクリック。水平方向に -17pt 移動。線幅を調整して完成。

アピアランスパネル

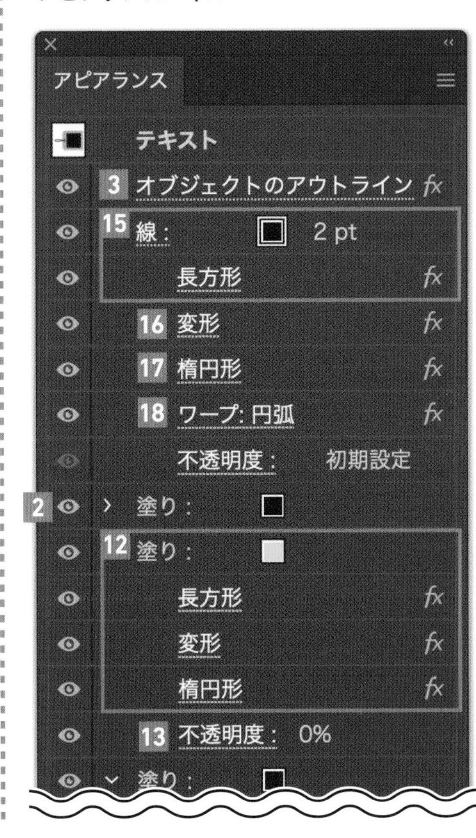

グループの抜き

グループの不透明度から「グループの抜き」という項目にチェックをつけると、オブジェクトに不透明度が設定されても、グループ内のオブジェクトは透けなくなります。

不透明度

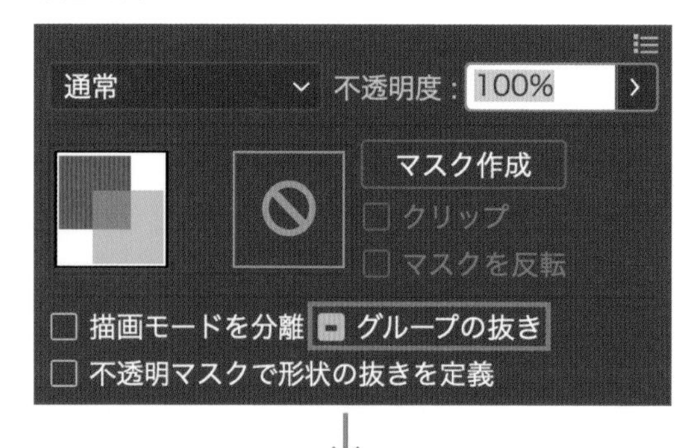

描画モードを分離　グループの抜き
不透明マスクで形状の抜きを定義

2つの四角をグループ化

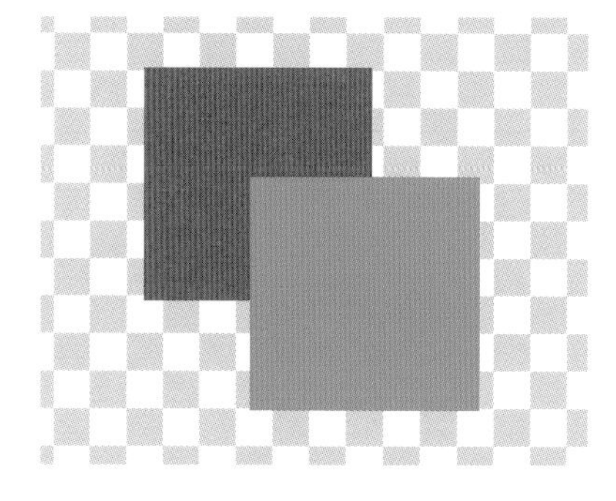

青い四角の不透明度を50%に

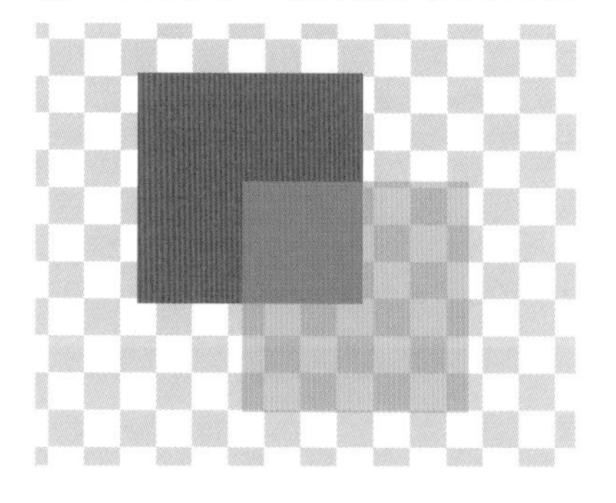

グループと名付けられていますが、オブジェクト個別にも、レイヤーにもそれぞれ設定できます。

今回のタグフレームの作例は塗り線それぞれを別のオブジェクトとして、アピアランス全体をグループとして抜きが適用されています。つまり、黄色い円は不透明度0になるがその下は見えない（黄色い円の下はすべて見えなくなる）という構造です。

グループの抜きにチェック

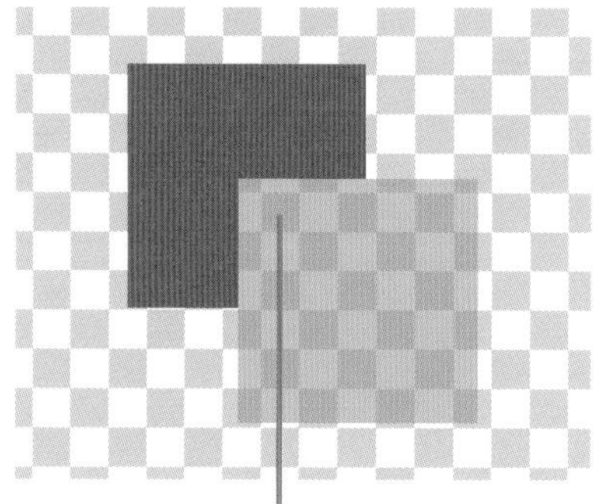

不透明度は下がるが
オレンジは見えない

RECIPE
64

最後のレシピ！
イラレを楽しく使いこなそう

テキスト追従リボン

ここがポイント

ここまでお疲れ様でした。勉強してきた知識をフル活用して取り組みましょう。目指せアピアランスマスター！

動画でも解説！

中心部分を作る

ADOBE

T

テキストを用意

作例はAdobe FontsのOrator Std Slanted、12pt。

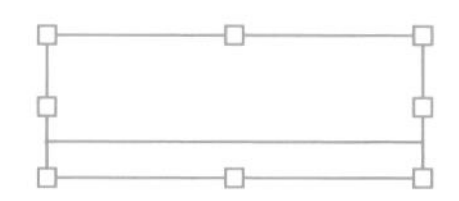

/

塗りをなしにする

塗り線をなしにして透明の状態に。

STEP 3

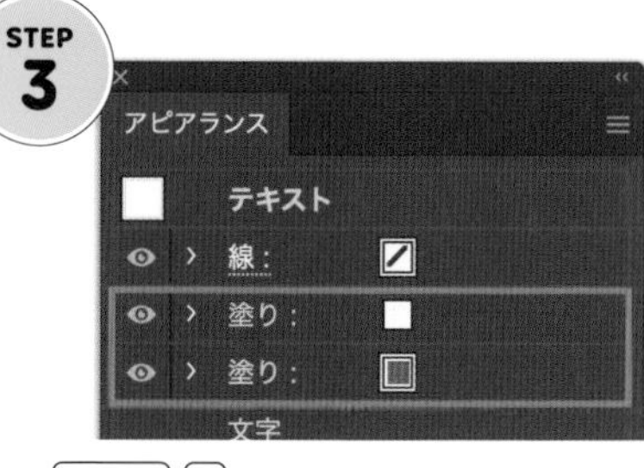

⌘(Ctrl) /

新規塗りを2つ追加

アピアランスで新規塗りを2つ追加。上を文字色に、下をリボン色に。

STEP 4

効果 オブジェクトの アウトライン

効果>パス>オブジェクトのアウトライン を適用。一番上になるように。

ADOBE

効果>形状に変換> 長方形

下の塗りに適用。「値を追加」で幅8pt、高さ4pt。

左の折り返しを作る

STEP 6

塗りを複製する

手順5の塗りをOption（Alt）+ドラッグで下に複製し、濃い色に変更。

STEP 7

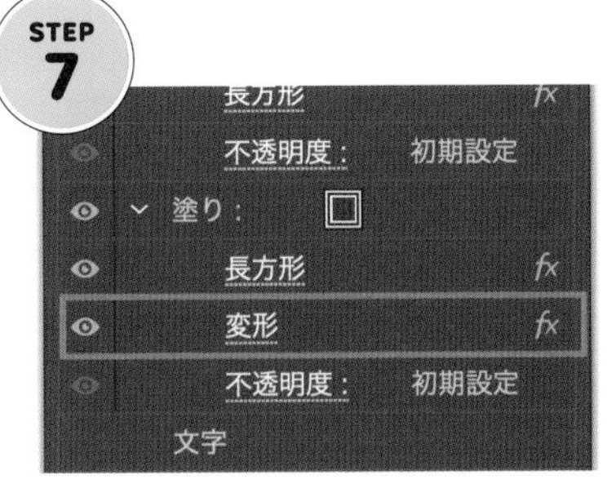

効果＞パスの変形＞変形

複製した塗りに適用。拡大・縮小は両方0、基準点を左下に。

STEP 8

効果＞形状に変換＞長方形

手順7の変形の下に適用。「値を追加」で幅5pt、高さ4pt。

STEP 9

効果 変形の数値を調整

手順7の「変形」を移動の水平方向を5ptにし端を揃える。

STEP 10

ワープの変形を水平100%に

手順9の下に効果＞ワープ＞円弧を適用。変形の水平方向を100%に。

10 ワープオプション

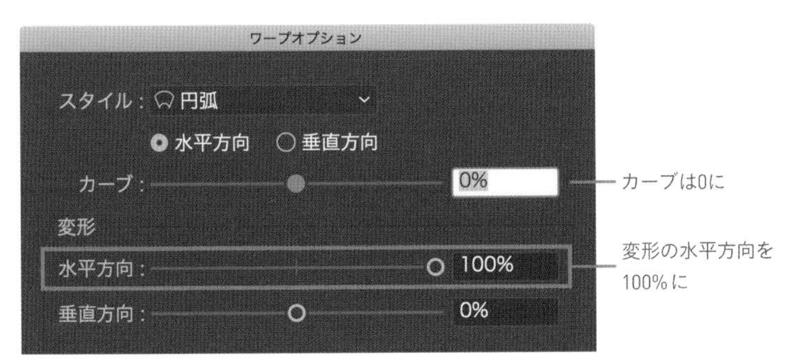

作例では円弧を使用していますが、カーブは0なので他のスタイルでも結果は同じです。

アピアランスパネル

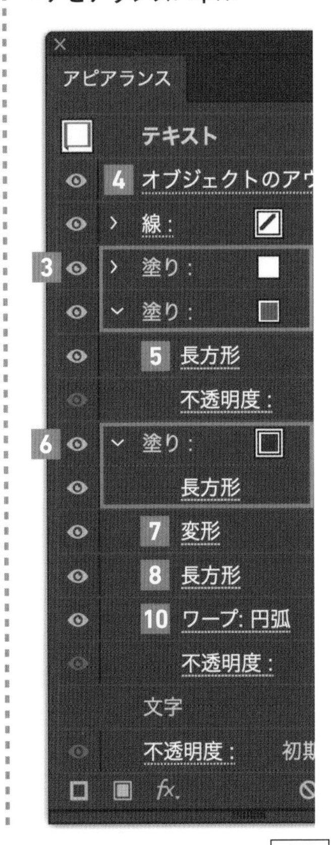

左の切り込みを作る

STEP 11

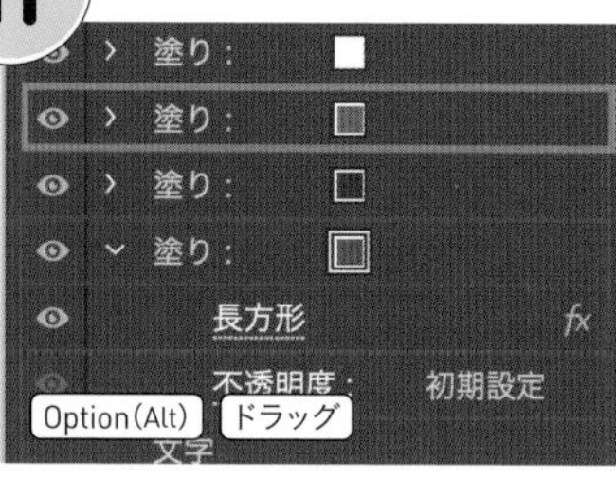

中心部分の塗りを複製

手順5の塗りを複製し手順10の塗りの下に移動。少し濃い色に。

STEP 12

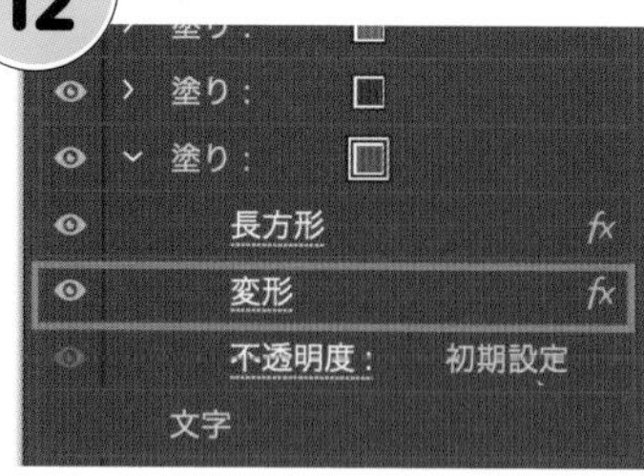

効果＞パスの変形＞変形

複製した塗りに適用。拡大・縮小の水平を0に、基準点を左下に変更。

STEP 13

効果＞形状に変換＞長方形

手順12の下に適用。値を追加で幅を10pt、高さを0pt。

STEP 14

効果 変形の数値を調整

手順9の変形をクリック。垂直移動で下端を揃える。8pt。

STEP 15

効果＞ワープ＞上弦

手順14の塗りの中の一番下に適用。垂直方向にカーブ-60%。

STEP 16

効果＞パスの変形＞ジグザグ

上弦の下に適用。大きさ0、折り返し1、直線的に。

アピアランスパネル

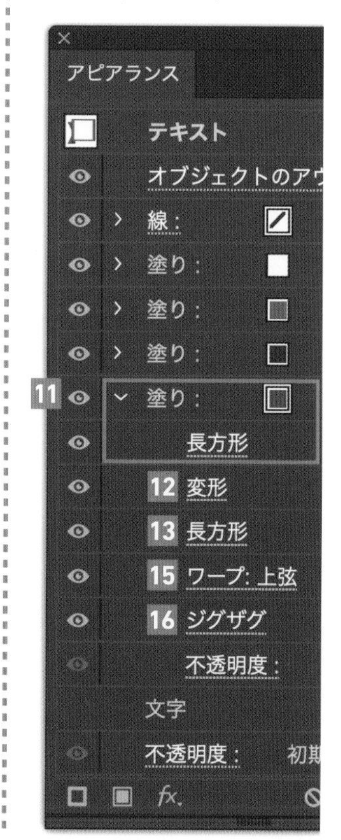

コピーして逆側を作る

STEP 17

左部分の塗り2つを複製

手順6〜16で作成した塗り2つを選択し、複製。

STEP 18

複製した折り返しの変形を調整

複製した濃い塗りの 変形 の水平移動の数値を -5に、基準点を右下に。

STEP 19

ワープの水平方向を-100に

続けてワープ：円弧をクリックし、変形 水平方向の数値を -100に変更。

STEP 20

複製した切り込みの変形を調整

複製した薄い塗りの 変形 をクリック。基準点を右下に。

STEP 21

「上弦」を「下弦」に変更

続けて薄い塗りの上弦をクリック。スタイルを下弦に。

STEP 22 完成！

効果＞ワープ＞円弧

アピアランスの一番下に適用して完成。水平方向にカーブ15％程度。

アピアランスパネル

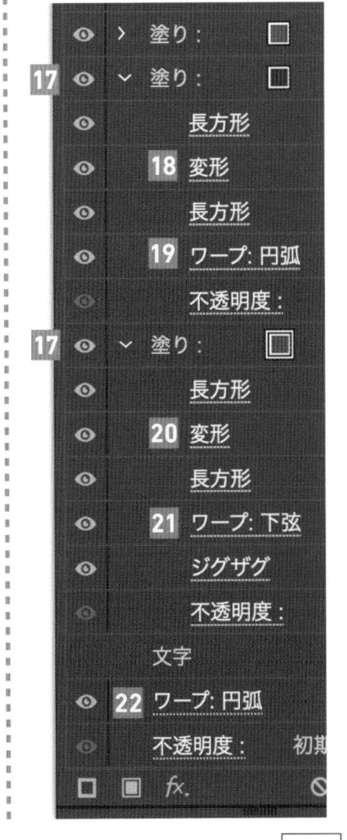

テキスト関係の豆知識

フォントが勝手に小塚ゴシックに

フォントにない記号を入力すると、自動的にシステムフォントに切り替わります。
メニューから Illustrator **>環境設定>テキスト** を開き、「見つからない字形の保護を有効にする」のチェックを外してください。

フォントが勝手に
⌘小塚になった

動画でも解説！

文字でクリッピングマスクがうまくいかない

画像などを文字でクリッピングマスクするには、**アウトライン化する前**におこなうか、**複合シェイプ**にする必要があります。マスク後ならアウトライン化しても大丈夫です。

動画でも解説！

持ってないフォントをなんとか取り出したい

フォントを持ってない文字のパスを取り出すには、aiデータを配置し **オブジェクト>透明部分を分割・統合** で「すべてのテキストをアウトラインに変換」をチェックします。

動画でも解説！ 

メニュー名と値段の間に点線を入れたい

名前と値段の間にTab**という記号を入力**し、**タブパネルに右揃えタブを追加。「リーダー」という欄に「・」を入力**すると、文字数に応じて「・」が自動的に繰り返されます。

紅茶………………………… 300円
コーヒー……………………… 300円
サンドウィッチ …………1000円

同じ文字修正を何度もする場合

同じ文字を何度も差し替える必要がある時、実はIllustratorでも文字の一括置換ができます。
メニューの **編集＞検索と置換** を開き、文字列を入力。**「検索」を一度クリック**し、**「すべてを置換」**するとファイル上のテキストが置換されます。

動画でも解説！

8% → 10%
8% → 10%
8% → 10%

縦書きの中の2桁の数字を横に並べたい

縦書きのテキストの中に「12」などをいれると、横向きで縦に並んでしまう。
数字を選択し、**文字パネルのメニューから「縦中横」**（たてちゅうよこ と読みます）をクリックすると、文字が1文字分のスペースに並びます。

動画でも解説！

10万円 → 10万円

Index
索引

※「効果」の索引は次ページにまとめています。また、ツールバーは「詳細」が前提です。

効果索引

お問い合わせについて

本書に関するご質問については、本書に記載されている内容に関するもののみ受付をいたします。本書の内容と関係のないご質問につきましては一切お答えできませんので、あらかじめご承知置きください。また、電話でのご質問は受け付けておりませんので、ファックスか封書などの書面か電子メールにて、下記までお送りください。

なおご質問の際には、書名と該当ページ、返信先を明記してくださいますよう、お願いいたします。特に電子メールのアドレスが間違っていますと回答をお送りすることができなくなりますので、十分にお気をつけください。

本書にて提供のサンプルなどについて、変更などといった各種カスタマイズはお客様ご自身でおこなってください。弊社および著者は，カスタマイズに関する作業の代行は一切請け負っておりません。

お送りいただいたご質問には，できる限り迅速にお答えできるよう努力いたしておりますが、場合によってはお答えするまでに時間がかかることがあります。また、回答の期日をご指定なさっても、ご希望にお応えできるとは限りません。あらかじめご了承くださいますよう、お願いいたします。

問い合わせ先

ファックスの場合

03-3513-6183

封書の場合

〒162-0846　東京都新宿区市谷左内町21-13
株式会社 技術評論社　書籍編集部
『イラレのスゴ技』係

電子メールの場合

https://gihyo.jp/books/978-4-297-11938-6/support

ブックデザイン　米倉英弘（株式会社細山田デザイン事務所）
DTP　横村 葵
企画／編集　村瀬 光

イラレのスゴ技(ワザ)

動画(どうが)と図(ず)でわかるIllustrator(イラストレーター)の新(あたら)しいアイディア

2021年3月5日　初版　第1刷発行
2021年3月8日　初版　第2刷発行

著者　イラレ職人(しょくにん)コロ
発行者　片岡 巌
発行所　株式会社技術評論社
東京都新宿区市谷左内町21-13
電話　03-3513-6150（販売促進部）
03-3513-6166（書籍編集部）
印刷／製本　株式会社加藤文明社

定価はカバーに表示してあります。

造本には細心の注意を払っておりますが、万一乱丁（ページの乱れ）や落丁（ページの抜け）がございましたら、小社販売促進部までお送りください。送料小社負担にてお取り替えいたします。
ISBN978-4-297-11938-6　C3055　Printed in Japan